这就是地球

郑利强／主编 蔡志燕／著 段虹 梁顺子 杨洁／绘

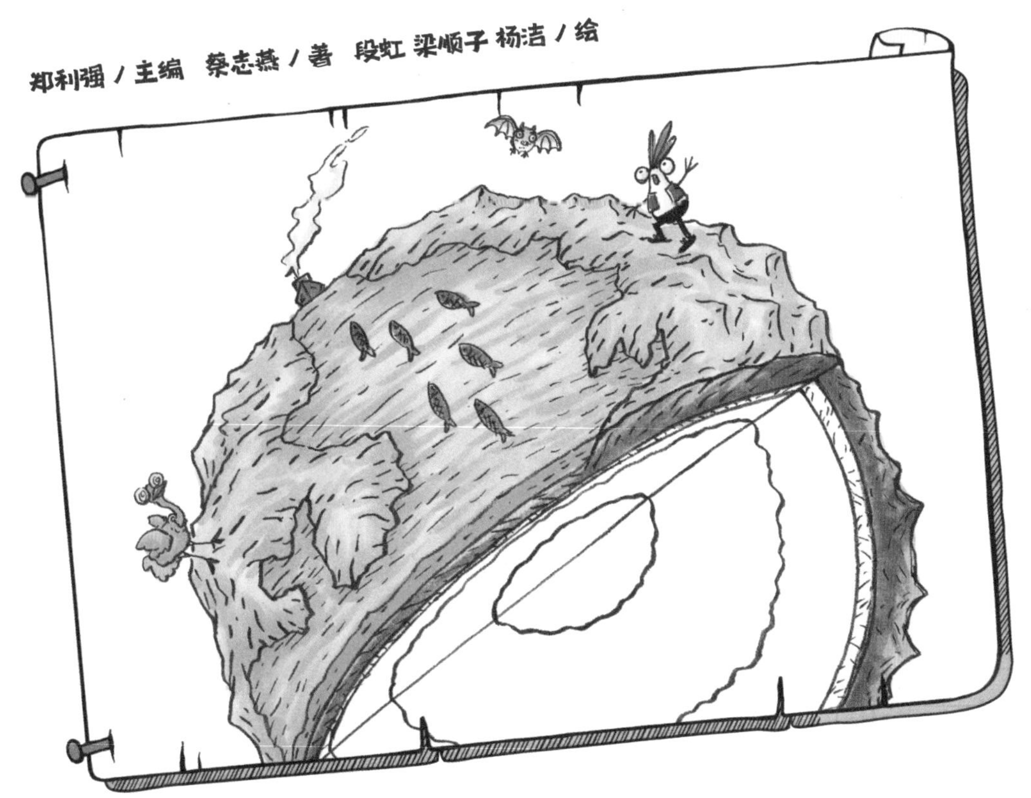

電子工業出版社
Publishing House of Electronics Industry
北京·BEIJING

前言

《有趣的地理知识又增加了》丛书为地理科普读物，面向儿童介绍了地图、山脉、地形、地震、河流、火山、方位与方向等地理相关知识，插图精美、内容丰富，逻辑性强。该套丛书深入浅出，以儿童的视知觉为基点，充满童趣的漫画角色将枯燥、深奥的地理学科专业知识架构逐一呈现，循序渐进。此外，书中以游戏提问的方式，引导儿童带着问题阅读，具有较强的启发性，利于小读者增加对地理学科的兴趣，提升其自学能力及探索精神，这是一套非常适合学龄儿童的科普游戏读本。

西南大学 地理科学学院教授 杨平恒

你一定见过物理化学的实验，但你听说过用地理知识来做的游戏吗？这也我第一次见到，有人居然将有趣的游戏与地理知识巧妙地融合在一起。作者大胆的奇思妙想结合有趣的画风，把平时看似枯燥的地理知识用一个接一个的小游戏表达出来，让人看过之后，欲罢不能。本书真正从儿童互动式的游戏角度，完成了地理这门通识类学科从高高在上的学科知识到儿童启蒙的真正跨越，令人大开眼界。从一个读者的角度来看，不得叹服作者的神来之笔。是一套值得推荐给小朋友的真正佳作。

全网百万粉丝地理学习短视频博主

“小郭老师讲地理”创作者 郭帅

地理学是一门包罗万象的学科。日月星辰、风雨雷电、江河湖海、山石水土……我们身边的各种自然现象与环境，都是地理学所关注的对象，也都和我们的生活密不可分。《有趣的地理知识又增加了》系列共八册，对8个最具代表性的地理主题进行了有趣而深入的解读。书中文字生动而准确，绘图精细而有趣，图文巧妙结合，将深奥的地理知识以最适合孩子的方式呈现出来。特别设计的问答环节更能激起孩子的求知欲与好奇心。相信这套书能带领小读者走进地理的世界，获得丰富的知识，掌握地理的技能，更享受到地理的趣味与探索未知的快乐。

山原猫探索联合创始人 北京四中原地理教师

朱岩

小步和他的朋友们

小伙伴们大家好！我是你们的老朋友——小步，我是一只很多人都看不出来的小青蛙，呱

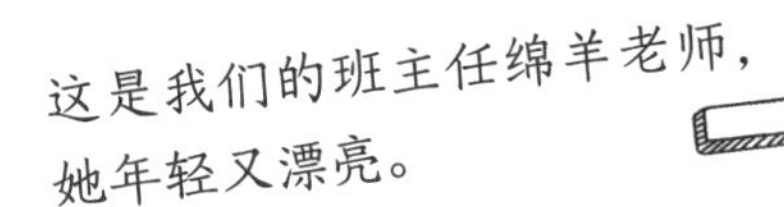

这是我们的班主任绵羊老师，她年轻又漂亮。

这是我们的猫头鹰老师，他睿智又博学。

这次我还带来了一些新朋友。以后我们可以一起去玩耍、游戏、探险！

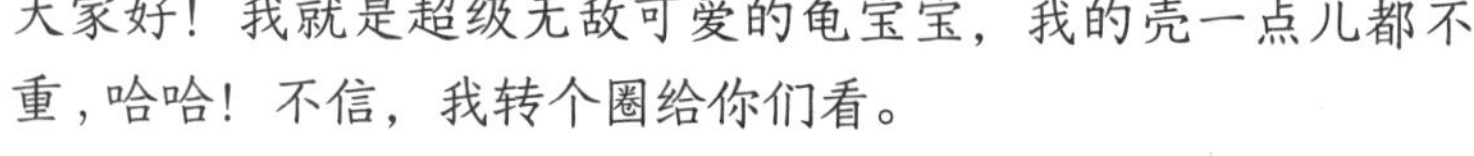

大家好！我就是超级无敌可爱的龟宝宝，我的壳一点儿都不重，哈哈！不信，我转个圈给你们看。

嘿嘿，我就是无人不识、无人不爱的“国民宝贝”大熊猫，其实我一点儿都不肥，我健步如飞。

呃……到我了……我是考拉，我是从外国来的，我还有一个名字，叫树袋熊。我……我爱睡觉，不爱喝水，不过，这是不对的，你们……你们可别学我，嗯……很高兴认识你们。

哈哈，我是头上有犄角的小鹿呀，我今年8岁，是东北的，所以，没事儿别老瞅我。

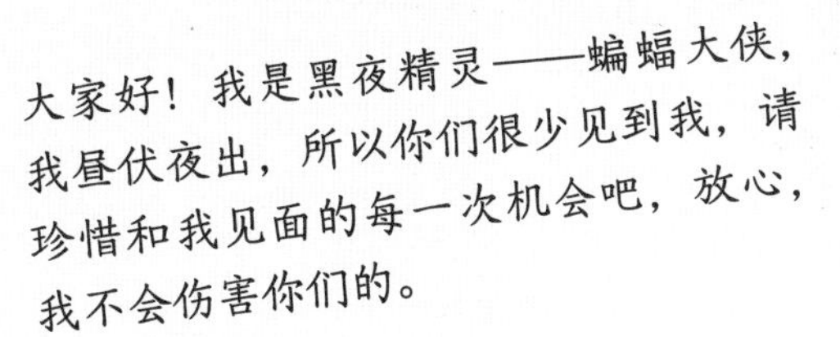

大家好！我是黑夜精灵——蝙蝠大侠，我昼伏夜出，所以你们很少见到我，请珍惜和我见面的每一次机会吧，放心，我不会伤害你们的。

咳咳，你们好！我是站得高所以看得远的鸵鸟哥哥，请注意我的性别，我可不会下蛋，你们就别惦记啦。望远镜倒是可以借你们用用，先到先得哦！

大家好！我是小鳄鱼，你们不要怕，其实我也是一个宝宝，我虽然长得丑，但是我很“温柔”。我爷爷的爷爷的爷爷的爷爷的爷爷的爷爷……，就已经在地球上生活了，比人类朋友还早。

终于轮到我了，我是大耳朵、长鼻子的小象。我是小伙伴们的游戏宝库，就数我点子最多，快来找我玩吧！

目录
CONTENTS

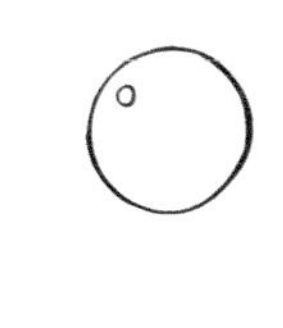

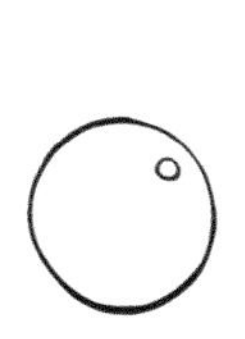

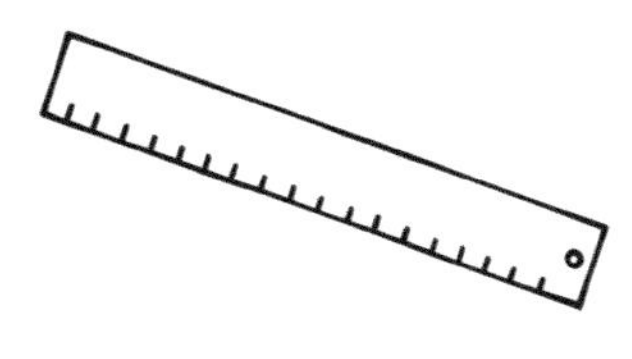

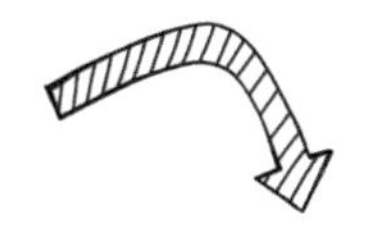

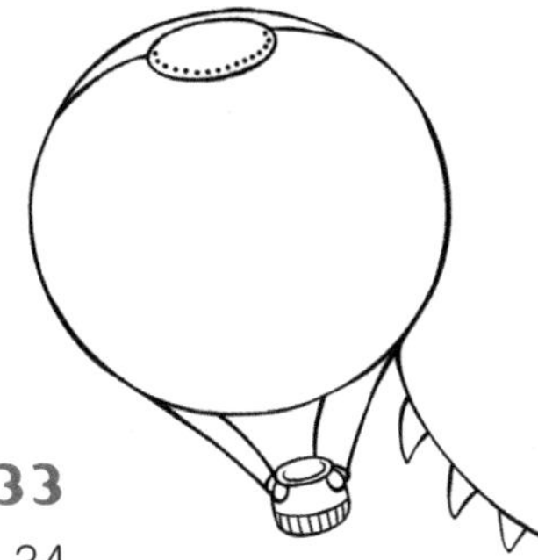

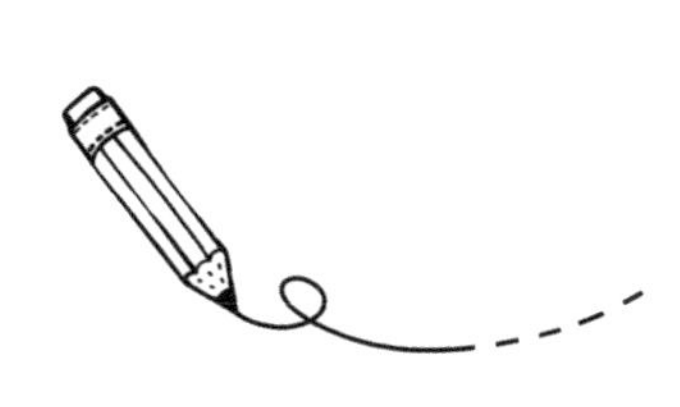

大地的形状和模型

大地的形状

现在，几乎所有人都知道人类是生活在一个巨大的圆球上，想一想你是怎么知道的呢？是从书上、电视上看到的，还是爸爸、妈妈、老师告诉你的？

但是在古代，科技不发达，人们只能靠自己的观察去推测脚下世界的形状。下面是古时候不同地方的人对大地形状的四种设想，看看它们分别是下一页的谁提出的？

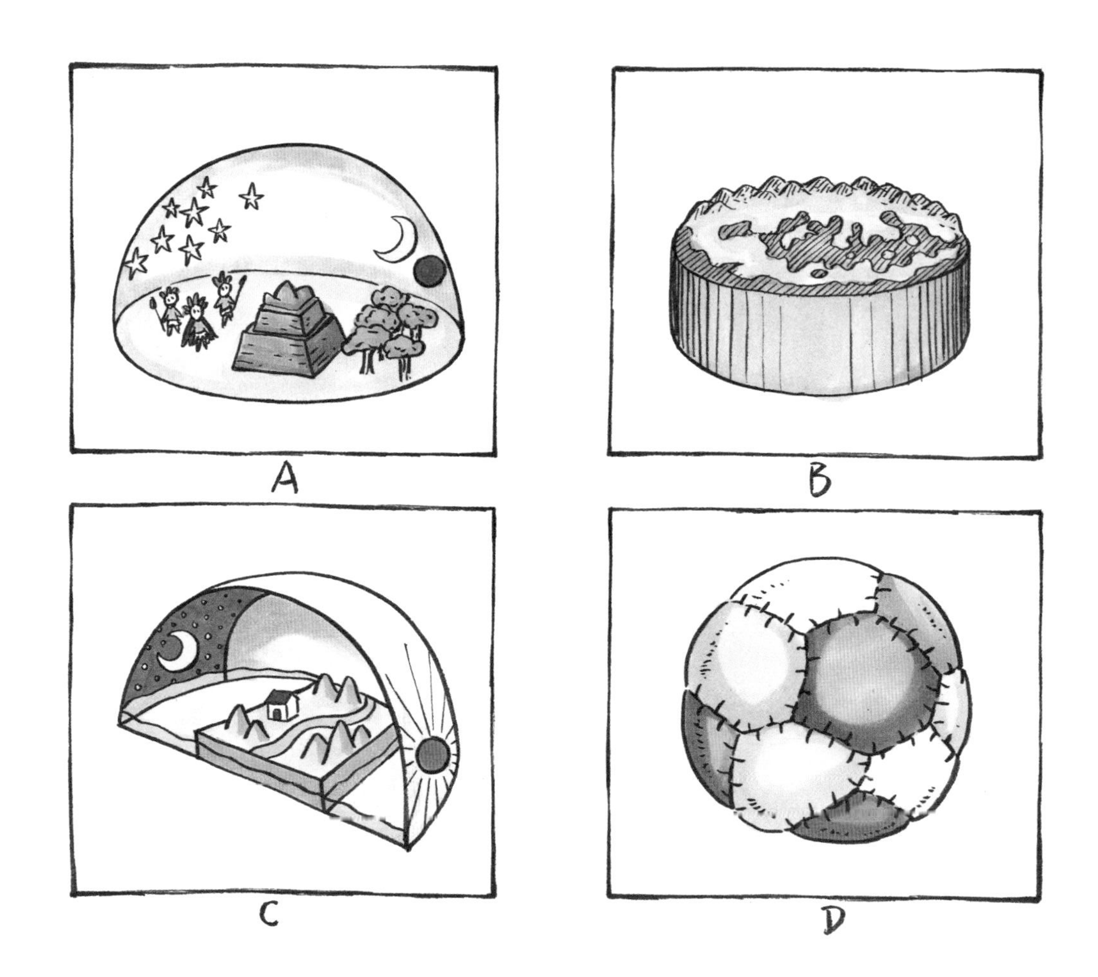

古代中国人
天圆地方，大地像一个**四四方方的棋盘**。
C
古巴比伦人
天空像一个倒扣的大锅，大地是个**圆形的大平面**。
阿那克西曼德（公元前 610 — 前 545 年）
人们脚下的大地应该是**圆柱体**，并且宽是高的三倍。
苏格拉底（公元前 469 — 前 399 年）
大地就像 12 块皮子缝成的**皮球**，色彩斑斓。

阿那克西曼德和苏格拉底是古希腊的哲学家，哲学家是一群爱思考各种问题的人，那时希腊人认为地理就该让哲学家去研究。哲学家的思考力真让人惊叹，你瞧，至少在2000多年前，他们中就有人推测出大地是球形的了。

除了这些，你还听说过哪些有关地球形状的奇思妙想？

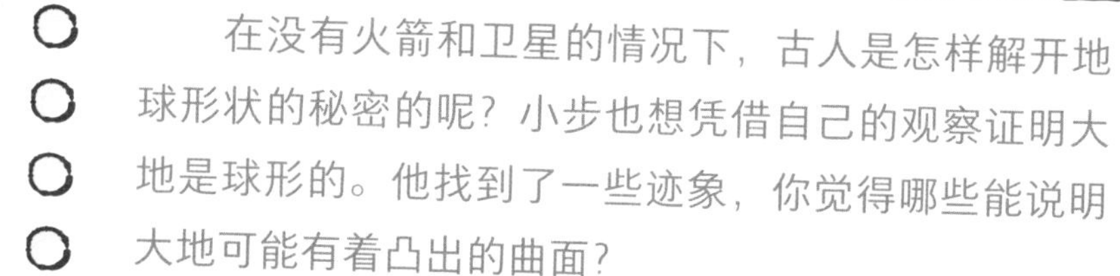

在没有火箭和卫星的情况下，古人是怎样解开地球形状的秘密的呢？小步也想凭借自己的观察证明大地是球形的。他找到了一些迹象，你觉得哪些能说明大地可能有着凸出的曲面？________

A. 在一望无际的大海中航行，不管船开多远，小步感觉周围的地平线总是围成一个圆，而他就在这个圆的中心。

B. 爸爸常带小步去天津港看轮船，在码头上看远方驶来的船只，小步总是先看到船顶，等船开近些，才能完全看到船身。

C. 在同一个地方观察北极星，能看到它一年四季的位置几乎是不动的。不过小步发现，上海夜空中的北极星看上去要比北京的低一些。考拉告诉小步，在他的家乡——比上海更往南的澳大利亚，那里根本看不到北极星。

环球航行能证明大地是球形吗？

小范围的观察就像盲人摸象，很难判断出一个巨大物体的形状。只要是有体积的物体，好像都能做到从它的某个点出发，环绕一圈再回到起点。要证明大地的形状需要更多的线索和复杂的推理。

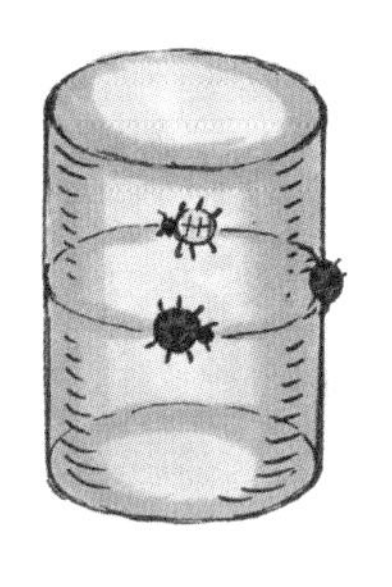

它们是球形的吗？______

如果不是，你能认出它们的大概形状吗？

想一想，像麦哲伦的船队那样，环绕大地一周，真的能完全证明大地是球形吗？______

当人类冲出大气层，飞向太空，才能亲眼看到整个地球的形状。1968 年 12 月 24 日，美国阿波罗 8 号的航天员，在月球轨道上拍到了地球的第一张彩色照片，这张照片名叫**“地球升起”**。

什么是上，什么是下？

虽然人们知道地球是个圆球了，但一时半会儿很难改变“地球是平的”这一观念留下的影响，比如对“上”和“下”的印象。“上”“下”是两个常见的方向，可它们的真实面目，却不一定人人都知道。现在，来重新认识一下吧！

小步和大熊猫玩跷跷板，______在上，______在下。

远处的小伙伴中，在树上的是______，在树下的是______。

蝙蝠的头朝______，脚朝______。

“上”都指向______，“下”指向______。

A. 大地的方向　　　B. 天空，或背离大地的方向

现在把“上”和“下”放在整个地球上看，你还能认识它们吗？给四个小伙伴手里的箭头标一标“上”“下”吧！

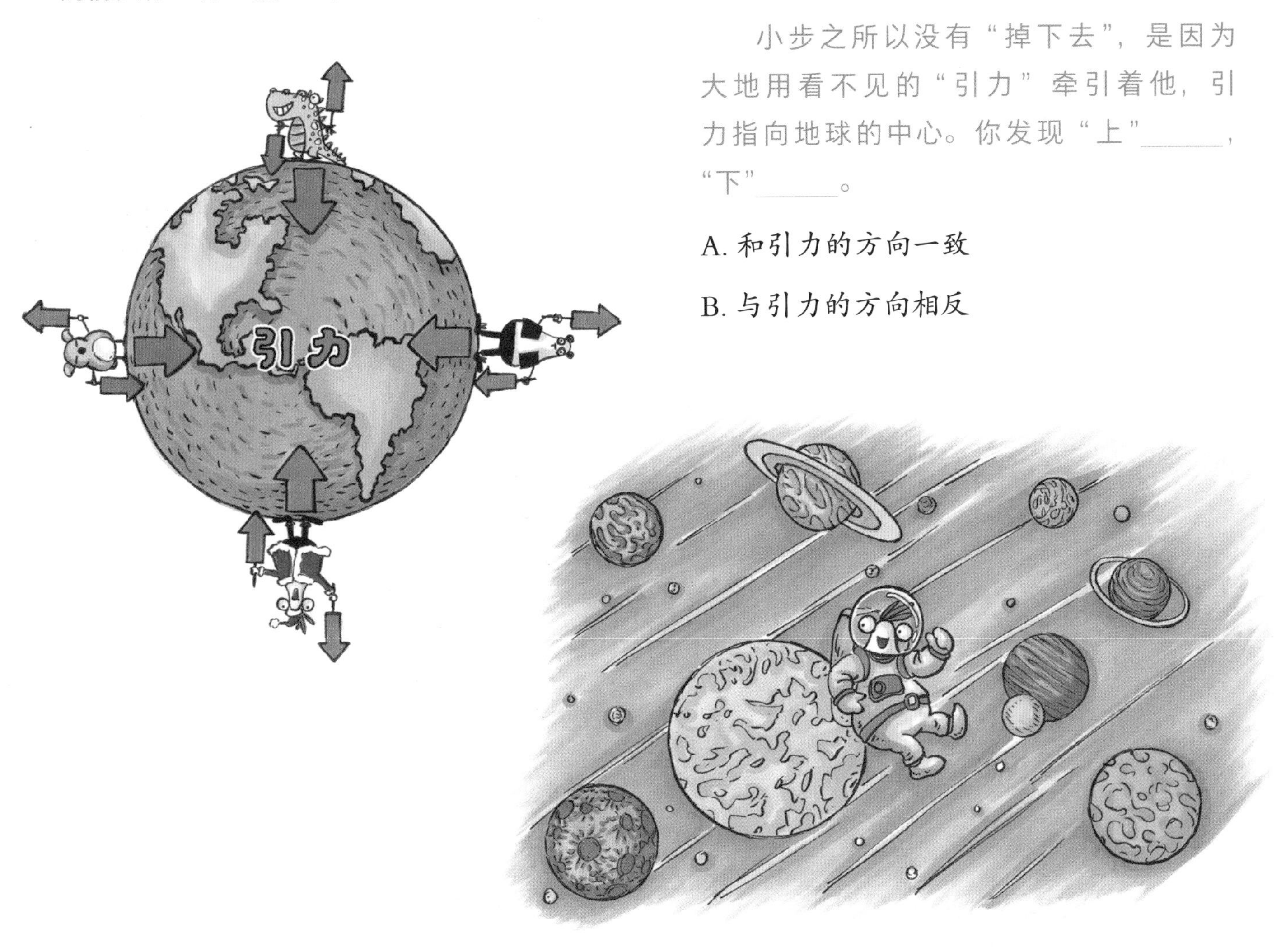

小步之所以没有“掉下去”，是因为大地用看不见的“引力”牵引着他，引力指向地球的中心。你发现“上”______，“下”______。

A. 和引力的方向一致

B. 与引力的方向相反

想一想，失去了地心引力的作用、独自飘浮在太空中的航天员，还能辨出“上”“下”的方向吗？______

地球的模型

虽然不能像航天员那样飞向太空，但借助地球仪，小步在家里就能“眺望”人类居住的星球，地球仪就是地球的模型。

为什么地球仪要斜着放在支架上呢？

因为地球是斜着身子自转的，而且就像绕着一条看不见的轴在转动，这条想象中的轴，大家称为“**地轴**”。地轴穿过地心，连通地球两端，这两端就叫“**北极**”“**南极**”。

经线和纬线

为了确定地球仪上某一点的位置，人们在上面画了很多横横竖竖的线。

横的是纬线

竖的是经线

连接南极和北极的是______线，指向东西的是______线。

上一页的地球仪上①②③三条线中，______是纬线，______是经线。

用不同的角度观察地球仪，看到的经纬线形状会不一样。假如，小步从北极点上方往下看，他会看到什么样的经线和纬线呢？把它们画下来吧！然后找出图案与经线（在其下打“√”）、纬线（在其下画“△”）相似的物体吧！

按照地球仪上经线和纬线的长度，小步剪了些毛线，猜一猜哪一堆毛线是“经线”，哪一堆是“纬线”？

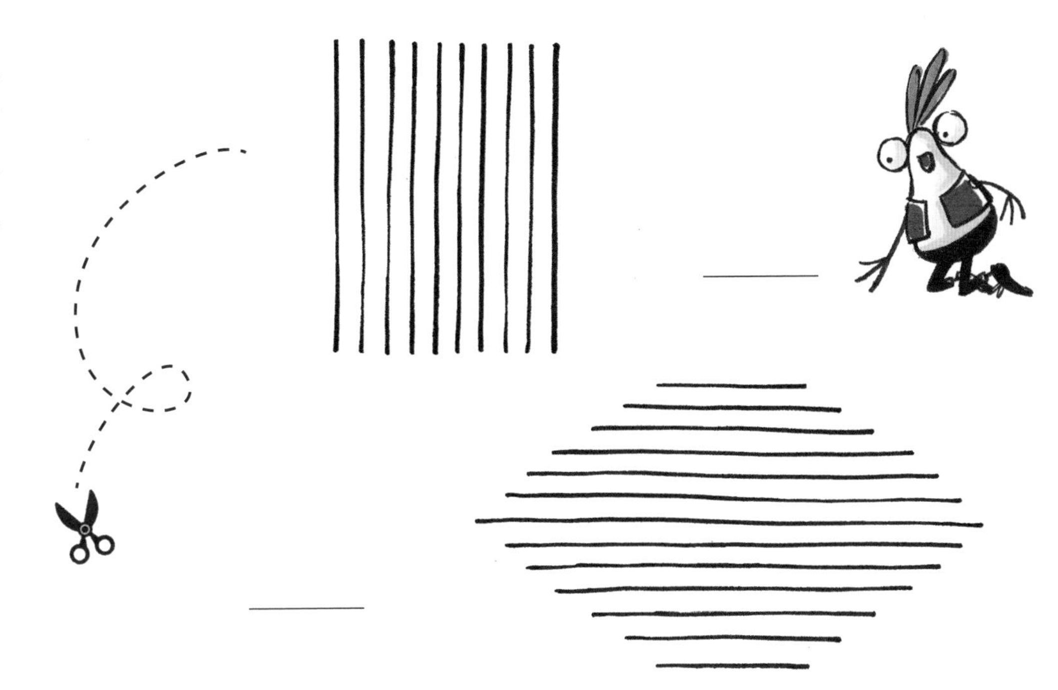

可在现实生活中，地面上完全找不到经纬线，怎样才能发现这些看不见的线呢？爸爸告诉小步一个好办法：在地上插根木棍，等中午太阳在空中升到最高时，木棍的影子就是它所在的经线的一部分；在插木棍的位置，画一条与影子垂直的线，这就是木棍所在的纬线啦！

地球的粗腰

和小步一样，地球也有个粗粗的腰——称为“赤道”，北京的所有常住居民（有2100多万人）手牵手都不能将它环抱。这条“粗腰”将地球分为两半：赤道以北，包含北极的那半，叫“北半球”；赤道以南，有南极的那半，叫“南半球”。

赤道是最长的纬线，上一页小步剪的毛线段中，哪一条可能是“赤道”？把它圈出来吧！

找到前面的地球仪，从①②③三条线中找出赤道，并给它画上漂亮的颜色！

小步的同学考拉，出生在澳大利亚东北边的昆士兰州（州和我国省的概念差不多），请在地球仪上找到考拉家乡的位置，猜猜看，它位于北半球还是南半球？__________

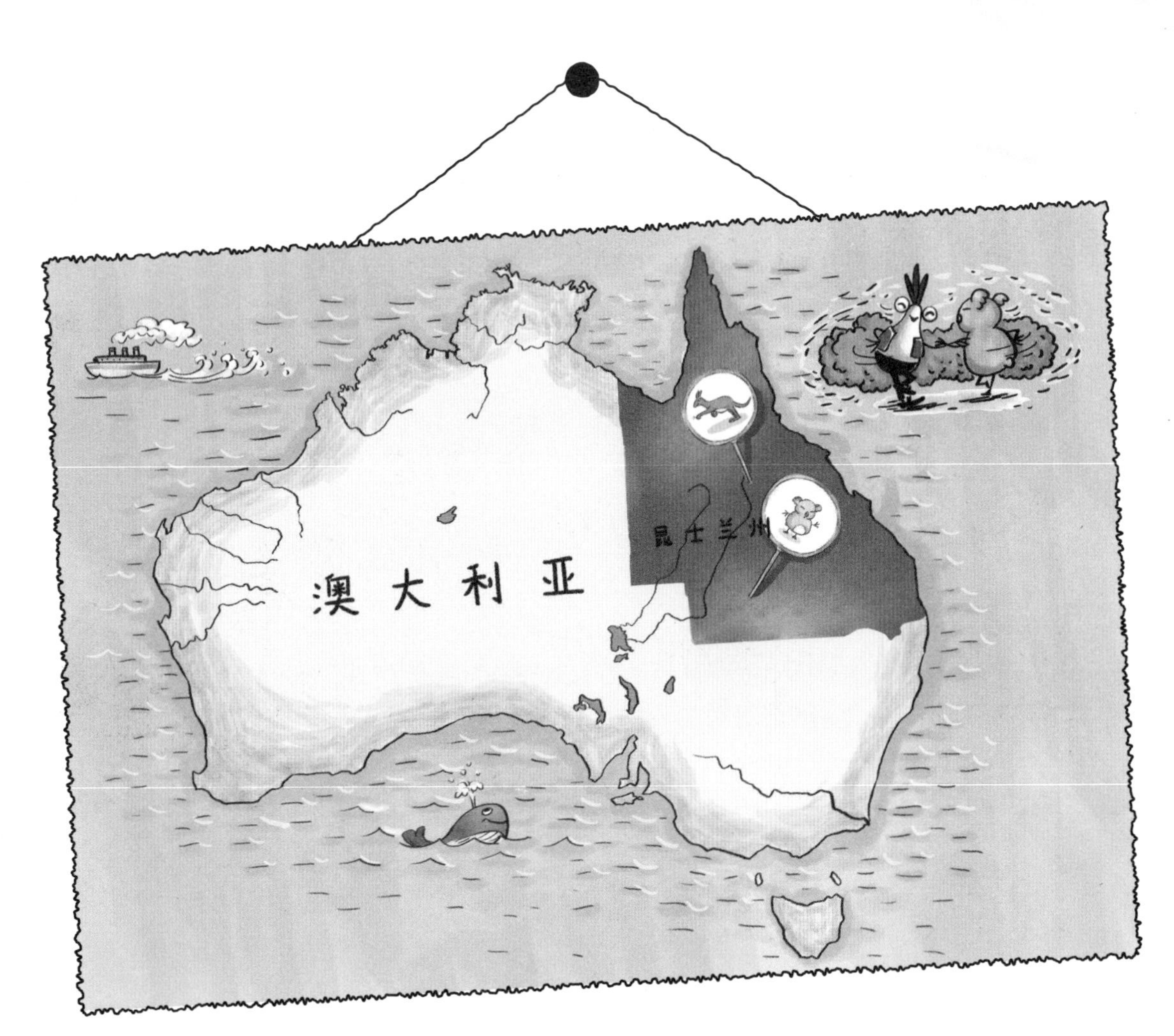

会骗人的地图

爸爸告诉小步，认识世界不能只看平面地图，要多利用地球仪这个工具，因为平面地图常常会欺骗人的眼睛，就像地平面会影响我们对“上”“下”的看法那样。

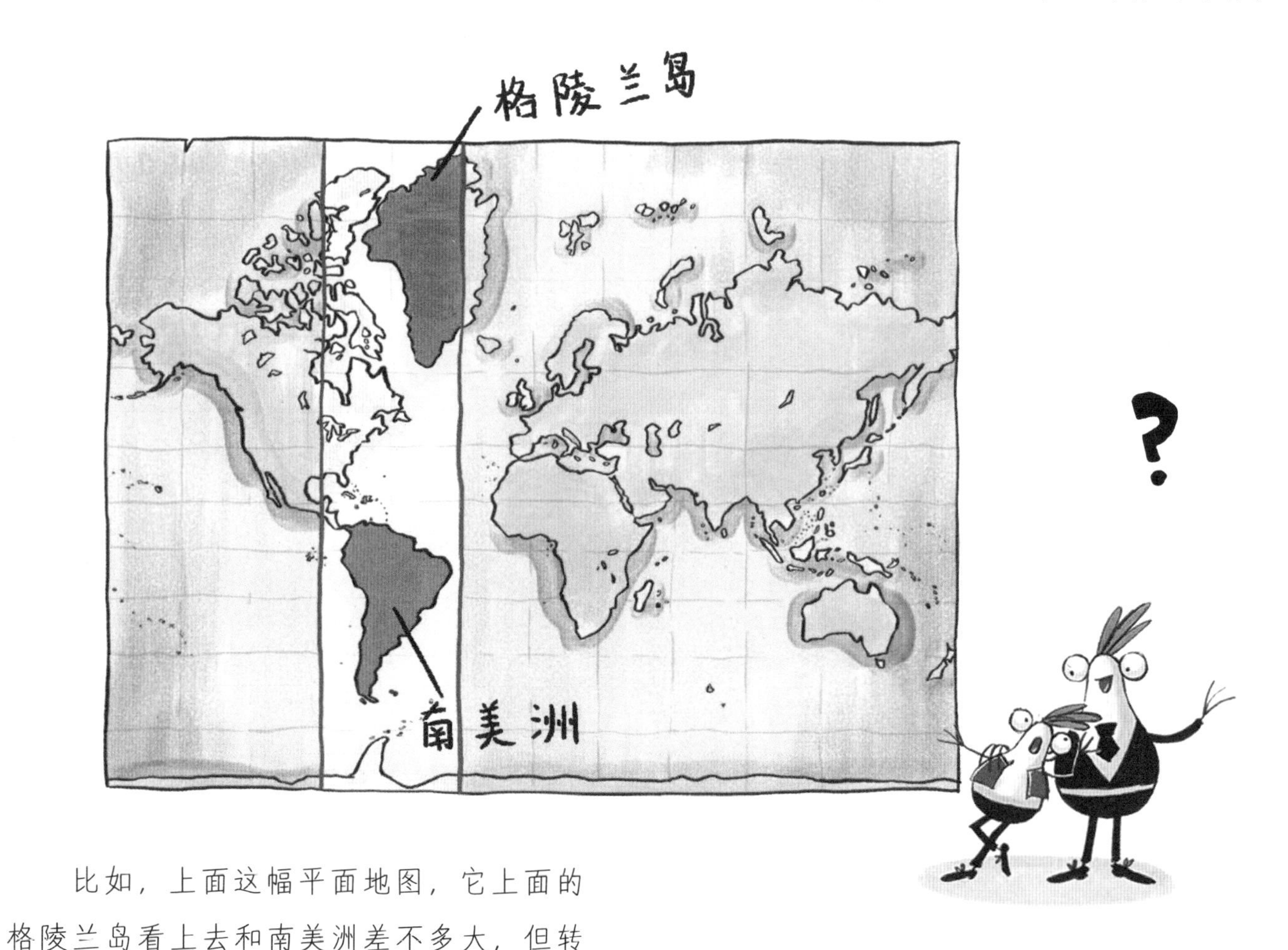

比如，上面这幅平面地图，它上面的格陵兰岛看上去和南美洲差不多大，但转动地球仪，小步发现实际上南美洲可比格陵兰岛大多了。为什么会这样呢？

因为地图是平面的，而地球是个有弧度的立体球。绘制地图时，要把陆地和海洋的形状投影在平面上，得出的图像有的地方被压缩，有的地方被拉伸，多多少少都有些变形。下面是绘制地图时常用的几种投影方法。

圆柱投影

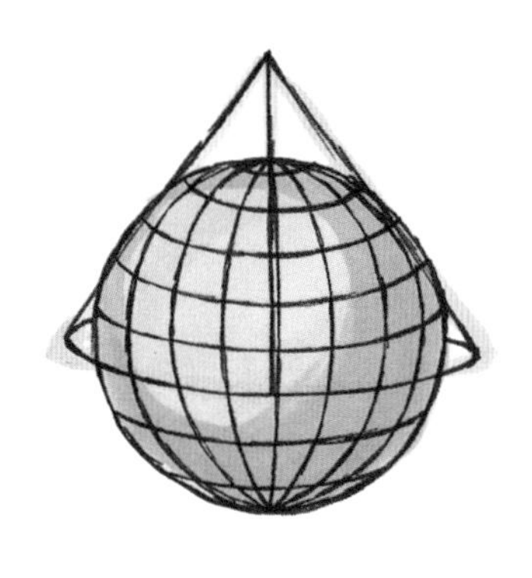

圆锥投影

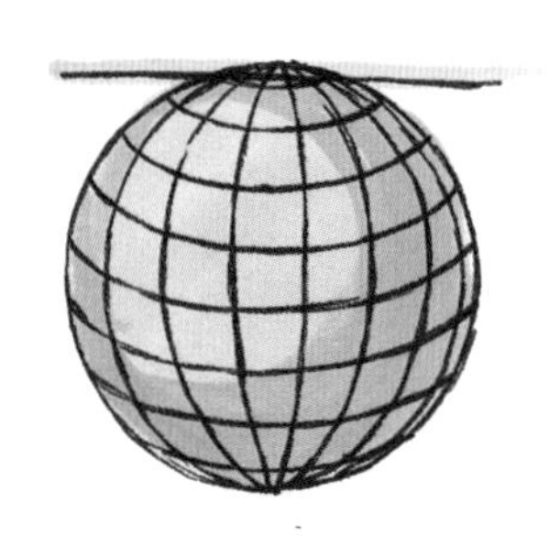

平面投影

将球面上的点分别投影到圆柱面、圆锥面和水平面上，再将圆柱面、圆锥面等展开，就能得到地球的圆柱投影图、圆锥投影图和平面投影图啦！

转动地球仪，找一找，这幅平面图上还有哪些陆地比例失真了？

自己动手做“地图”！

1. 剪下矿泉水瓶像半球的那部分。

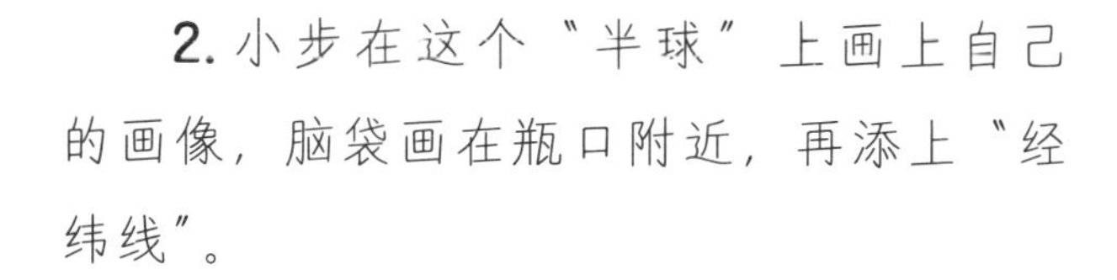

2. 小步在这个“半球”上画上自己的画像，脑袋画在瓶口附近，再添上“经纬线”。

3. 把白纸卷成刚好套住“半球”的圆柱。将手电筒对准“半球”中心，小步的画像会映到纸筒上。

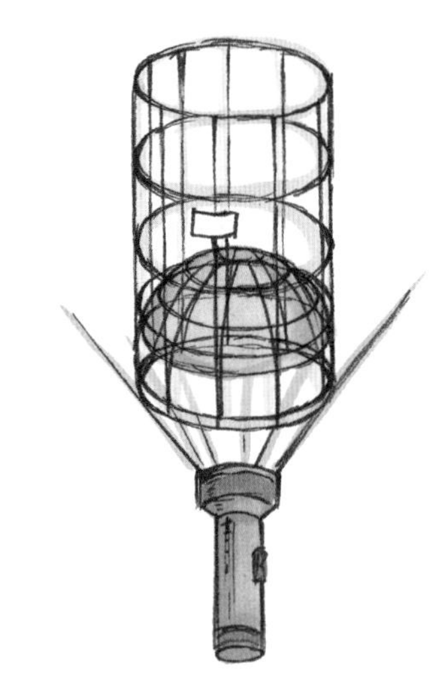

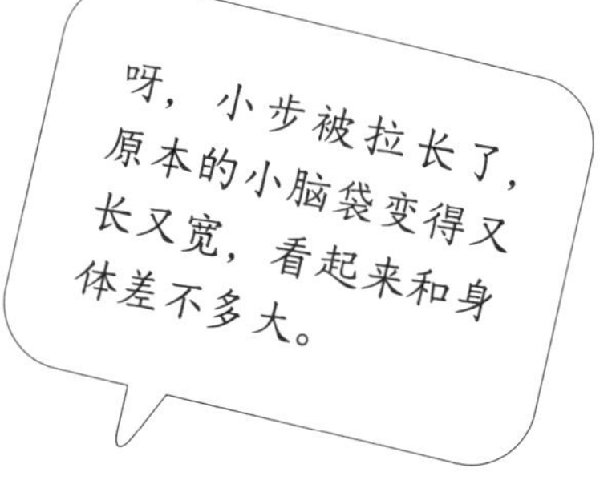

圆柱投影

4. 把套在“半球”上的圆柱换成圆锥，纸上的影子会有什么变化？

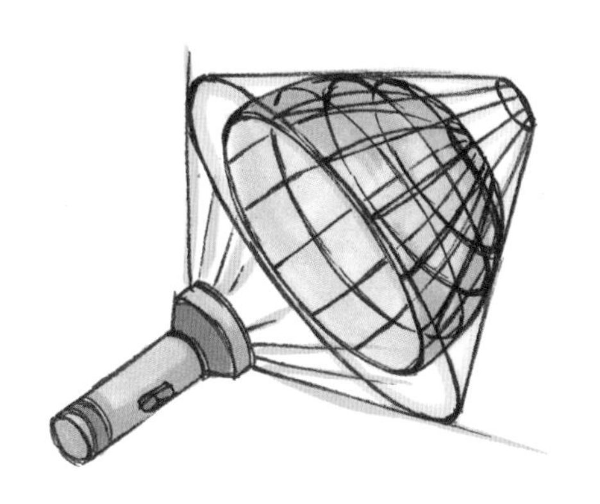

圆锥投影

脑袋仍有一定程度的夸大，不过比圆柱投影“收敛”很多了。

5. 如果把“半球”放在一张展平的白纸上，用同样的方法照射它，又会得到什么样的影子呢？

小步像被压扁了似的，身体越往下，就被拉得越宽，变形越严重。

你看，要将球面上的小步画像转化到平面上，不管用哪种投影方法，总有不同程度的变形。平面地图也是这样，很难避免失真的情况。

小步崇拜化学家诺贝尔，希望有一天能拜访他的故乡——斯德哥尔摩（瑞典的首都）。这是一张世界地图的局部，北京到斯德哥尔摩之间有一条虚线 L_1，你能帮小步把它描实吗？

仔细观察这条线，它没有经过______。

A. 蒙古　　B. 哈萨克斯坦

C. 俄罗斯　　D. 芬兰

E. 爱沙尼亚

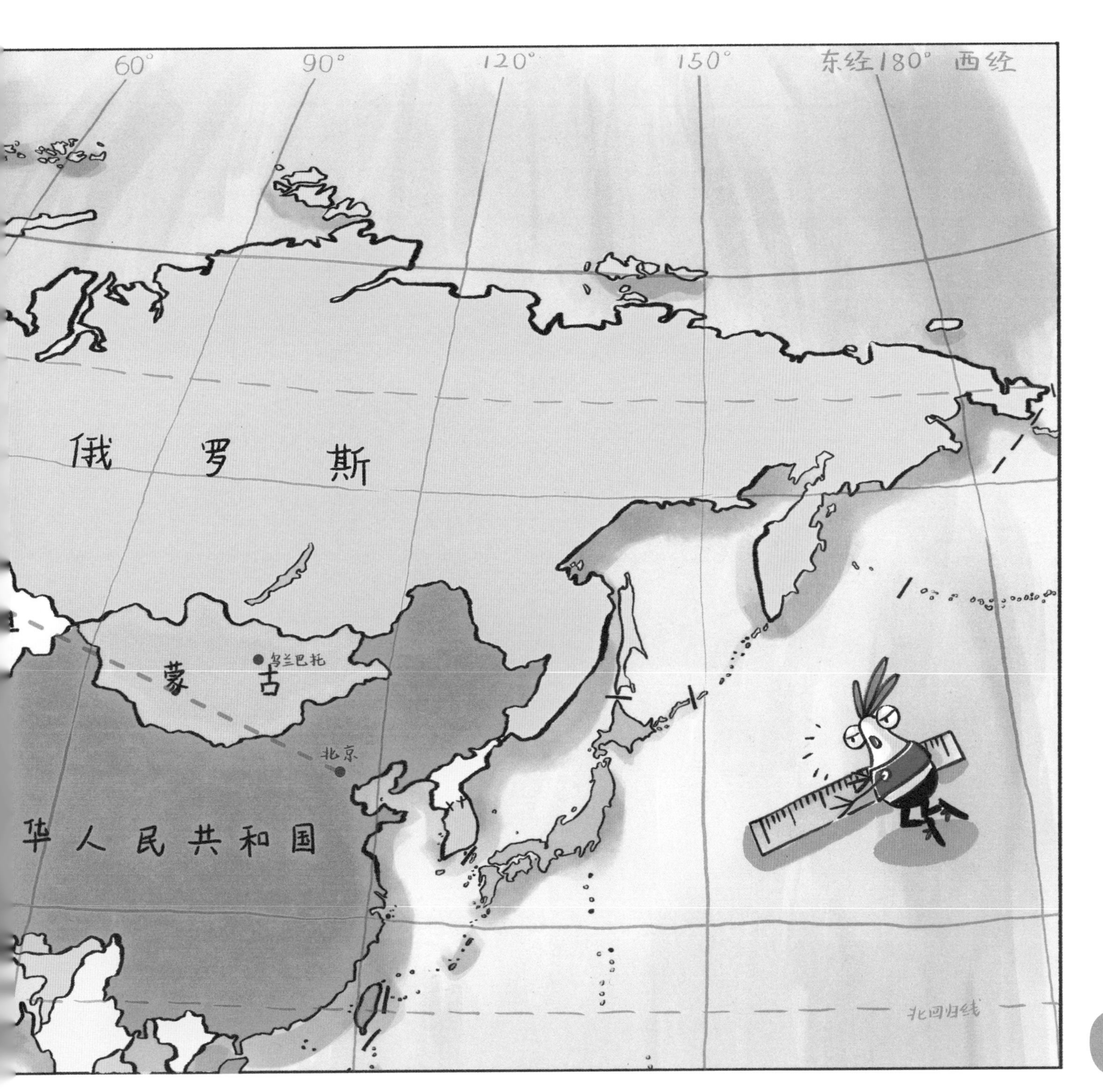
60°
90°
120°
150°
东经180° 西经
俄 罗 斯
乌兰巴托
蒙 古
北京
华 人 民 共 和 国
北回归线

小步在地球仪上也找到了这两个城市，并用一段毛线（L_2）将它们连接起来。现在，圈出这段毛线没有经过的国家吧！

A. 蒙古国　B. 哈萨克斯坦

C. 俄罗斯　D. 芬兰　E. 爱沙尼亚

L_1 和 L_2 都穿过的国家有______。比一比，两条线经过的位置有什么不同？

A. 蒙古国　B. 哈萨克斯坦

C. 俄罗斯　D. 芬兰　E. 爱沙尼亚

量一量线段L_1、L_2的长度，然后根据对应的比例尺，算一下两条线段所代表的实际距离吧！哪一条的实际距离更短？

1 : 43000 000

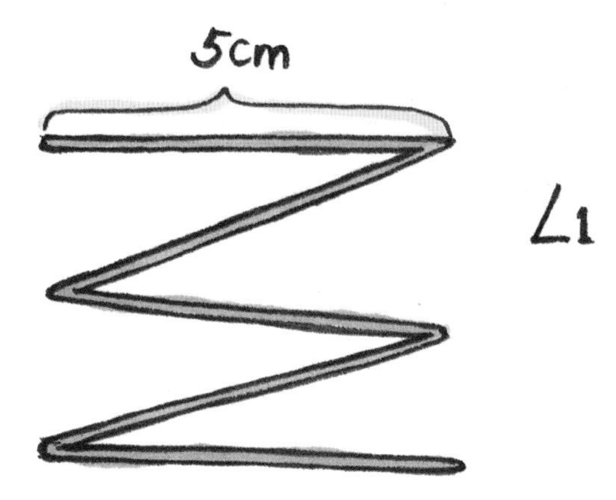

1 : 64 000 000

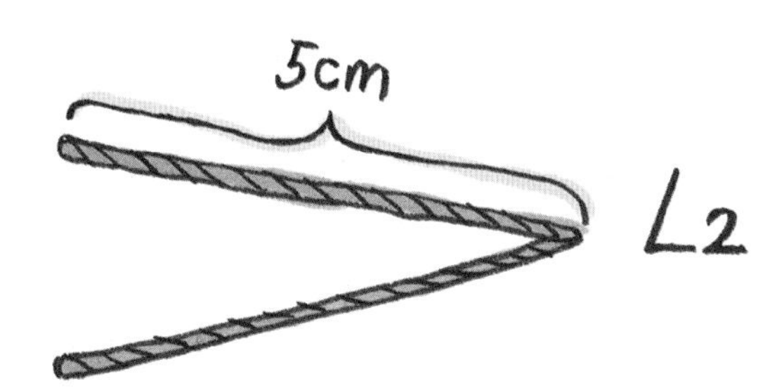

假如你是一位飞北京—斯德哥尔摩航线的客机机长，为了节省时间，你会选择飞哪条路线？______

小步的爸爸认为，地球仪比一般的平面地图能更加准确地描绘陆地、海洋的位置、形状和大小，可以说是最真实的世界地图了。你赞同吗？

充满谜团的地球内部

假如剖开地球

吃一块夹心糖，捡到一颗种子，小步总会忍不住咬开，看看里面的芯长什么样。你是不是也和小步一样呢？

如果有一把刀能将地球切开，想象一下，地球里面会是什么样子的呢？

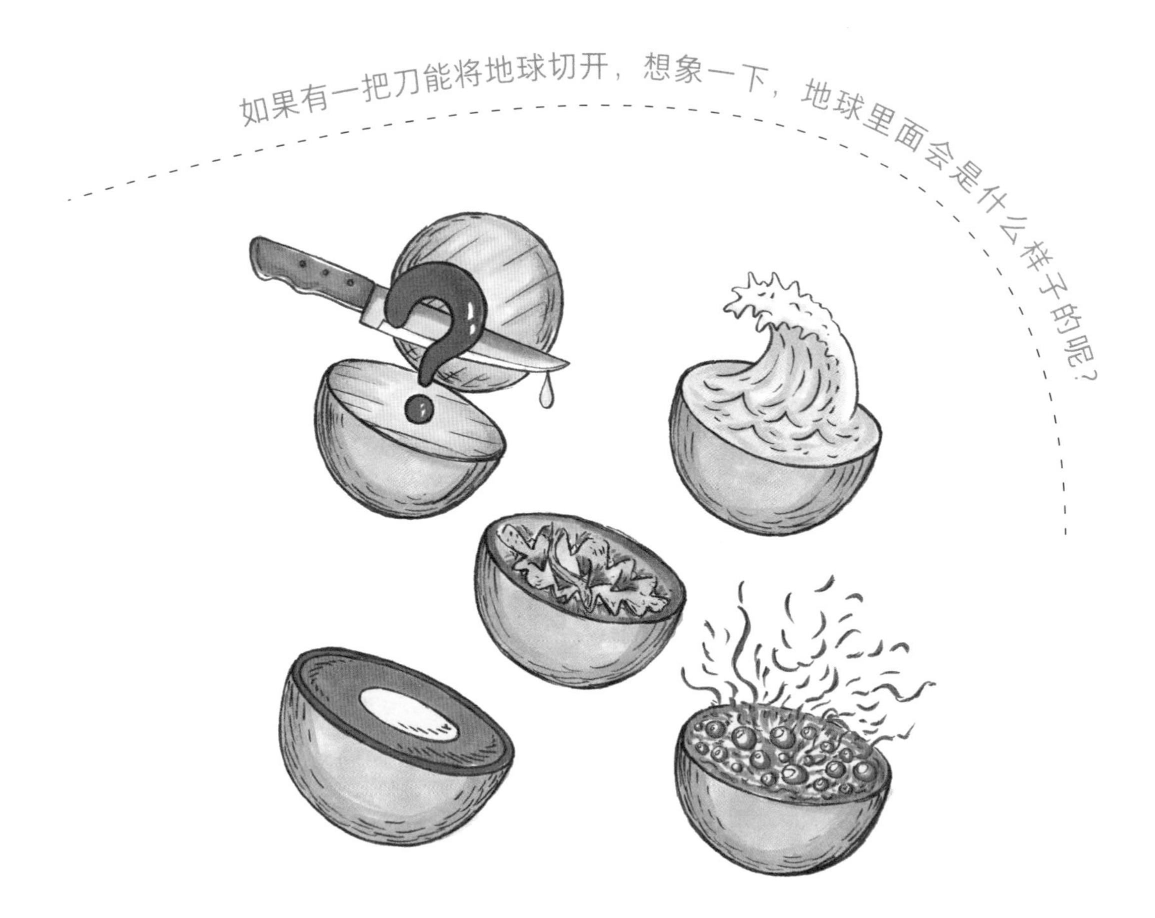

但，人不可能把地球切开呀，那人们怎么知道里面的结构呢？
去医院体检时，医生也没有切开你的胸腔呀！他们用X射线照一照，就能看到里面的器官了。科学家用一种类似的技术，去研究地球的内部。

那是什么技术？
一种利用地震波的变化探测地球内部的技术。后面你就知道啦！

通过地震波的“扫描”，人们发现地球像颗熟鸡蛋那样，分成三层：外面又薄又硬的“蛋壳”，叫**地壳**（qiào）；中间的“蛋清”是一层厚厚的固态岩石，叫**地幔**；最里边的“蛋黄”，是金属做的，称为**地核**（分为**外核**和**内核**）。现在，给这颗“大鸡蛋”涂上颜色吧！

地壳：体积是地球的 1%，质量占 0.4%。

地幔：体积是地球的 82%，质量占 67%。

地核：体积只占 16%，质量约占 31.6%。

地壳： 棕色　**地幔：** 红色

外核： 橘色　**内核：** 黄色

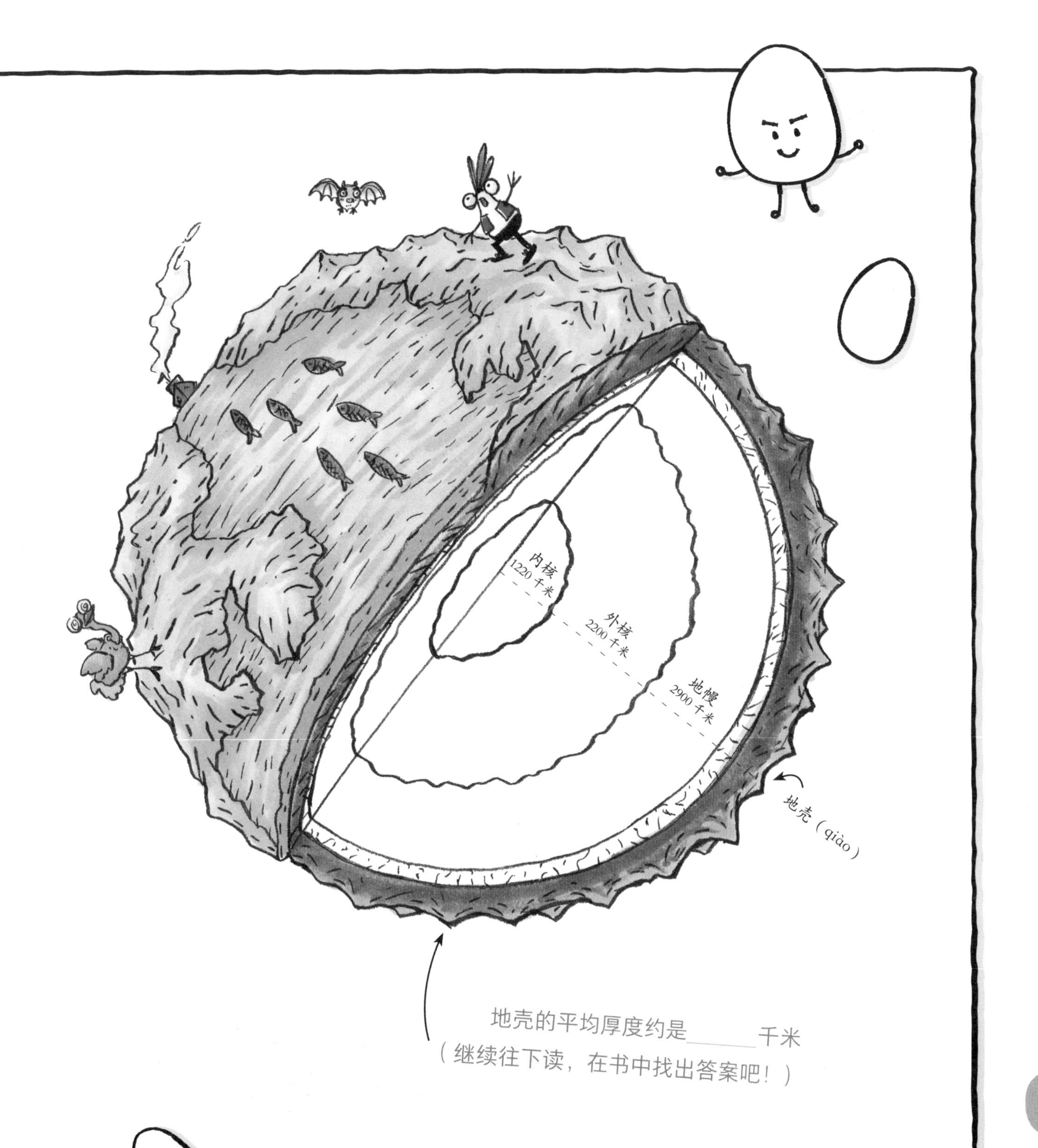
内核
1220千米
外核
2200千米
地幔
2900千米
地壳（qiào）
地壳的平均厚度约是______千米
（继续往下读，在书中找出答案吧！）

地球的外壳

猜一猜，下面的几项陆地活动，有穿透地壳到达地幔的吗？

如果把地球半径（6371 千米）缩小为一把 30 厘米长的尺子，那么地壳还不到 1 毫米呢，还没有鸡蛋壳厚。这样看来，地壳好像薄得一捅就破。真是这样吗？据测量，地壳平均约 17 千米厚，如果每层楼 3 米高，那它差不多有 5666 层楼那么高呢。从一楼仰望的话，根本看不到顶，你还觉得它薄吗？

数一数，学校最高的教学楼有______层，______个教学楼叠加起来，才能达到地壳的平均身高。

珠穆朗玛峰的海拔是 8848.86 米，______座珠峰叠加能超过地壳的平均厚度？

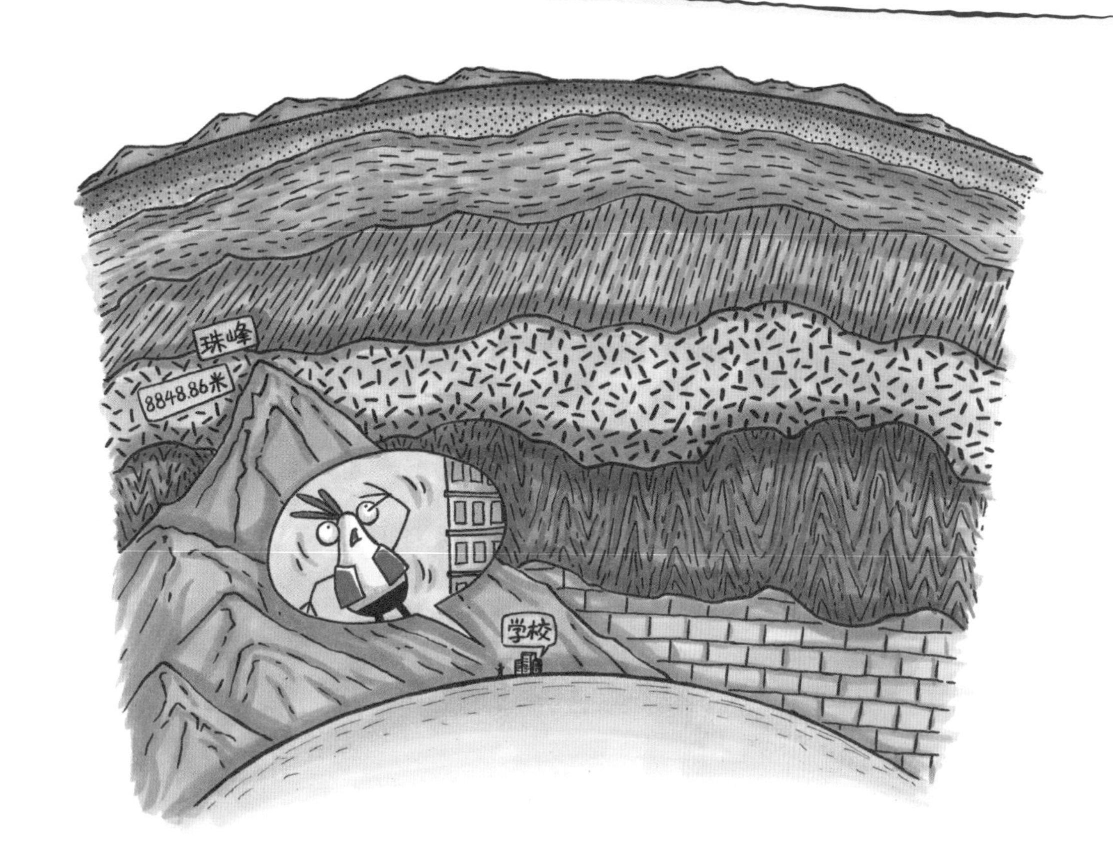

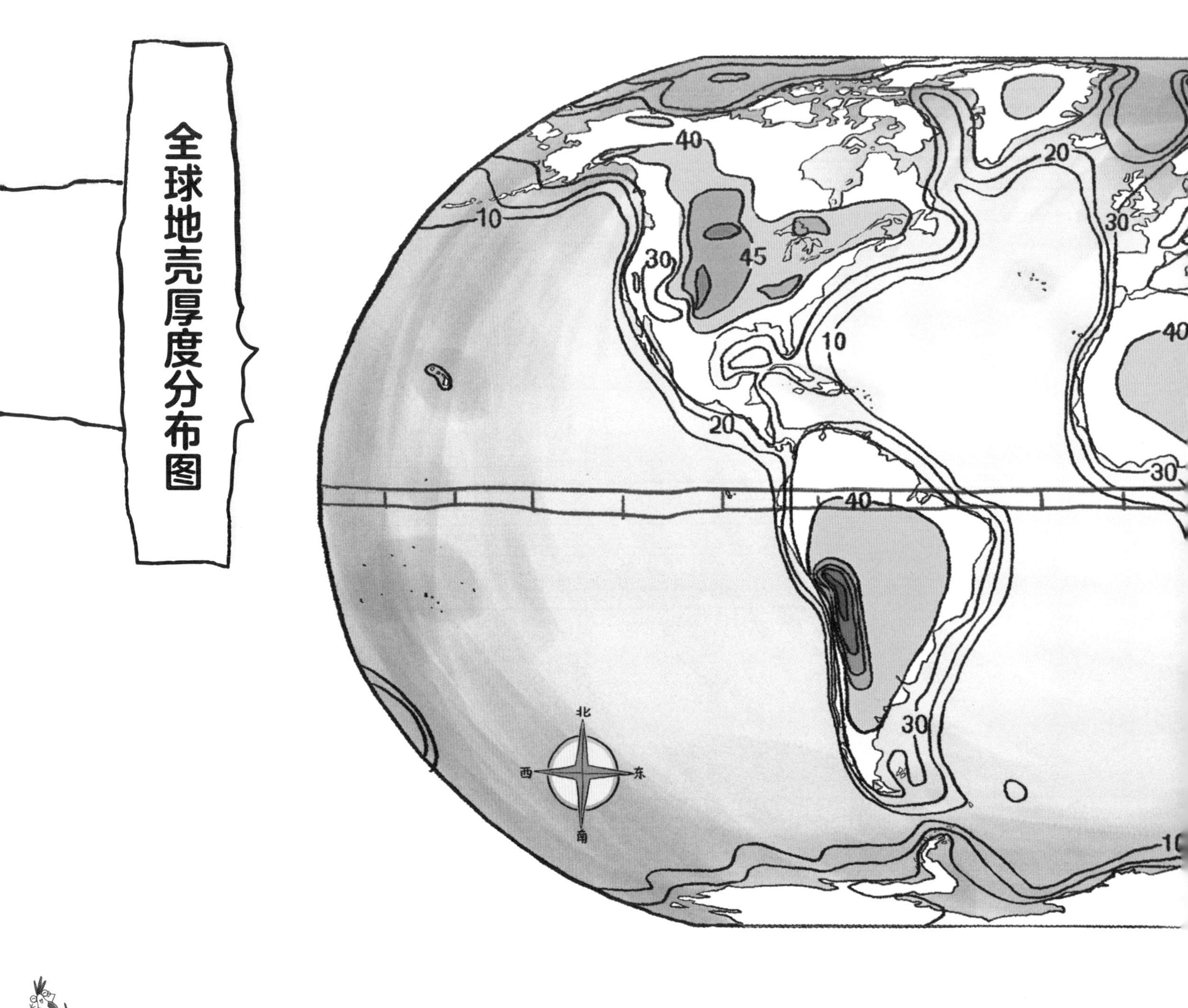

地壳厚度 20~40千米 40~45千米 45~5

实际上，地壳不像鸡蛋壳那样平滑均匀，而是有薄有厚。看看下面这张图，你就知道到底哪里薄，哪里厚啦！

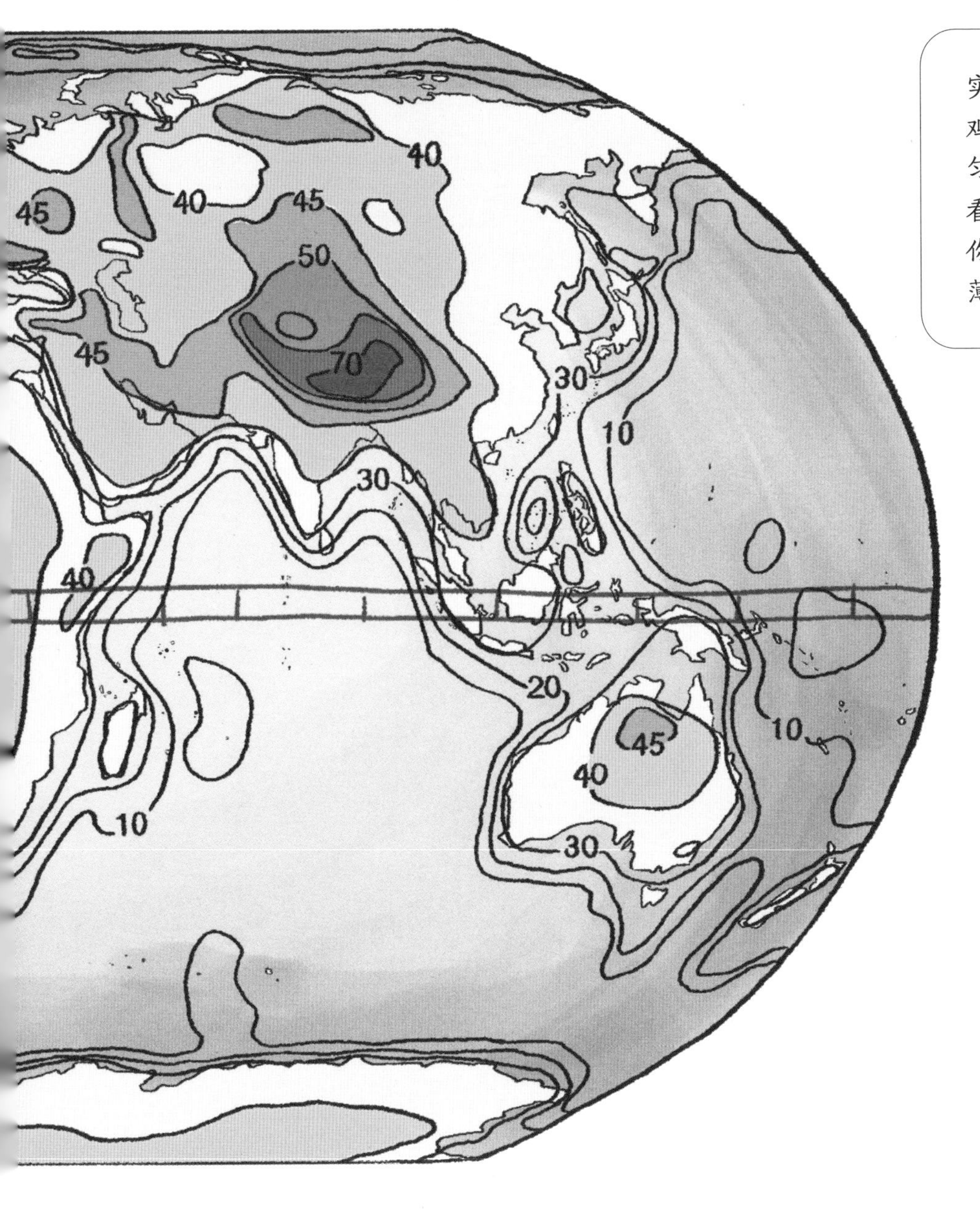

仔细观察后，小步发现：

海洋下的地壳（简称**洋壳**）厚度在________千米以下。

A.45~50　　B.30　　C.30~70　　D.10

陆地所在的地壳（简称**陆壳**）有____千米厚。

A.45~50　　B.30　　C.30~70　　D.10

总体来看，海洋下面的地壳要比陆地下面的地壳（薄/厚）。

喜马拉雅山脉北部的地壳厚度为73~75千米，你能圈出喜马拉雅山脉的大致位置吗？（提示：喜马拉雅山脉在北半球。）

现在，你一定猜到了，人类在陆地上打的最深的洞也没能穿透地壳。如果是你，你会选择从哪里打洞呢？

地壳上的陆地和海洋

地壳这么厚，但我们只生活在它表面未被海水淹没的部分，也就是陆地上。如果从太空看地球，你会发现陆地主要分成 7 大块，在地球仪上你也能找到它们，分别是欧洲、亚洲、非洲、南美洲、北美洲、大洋洲、南极洲。

用**红笔**圈出面积最大的那一块。

用**蓝笔**圈出面积最小的那一块。

按照面积由大到小的顺序，给这 7 块大陆排排队。

这就是7块陆地在地球中的位置，它们中有5块缺了名字，快去补上吧！

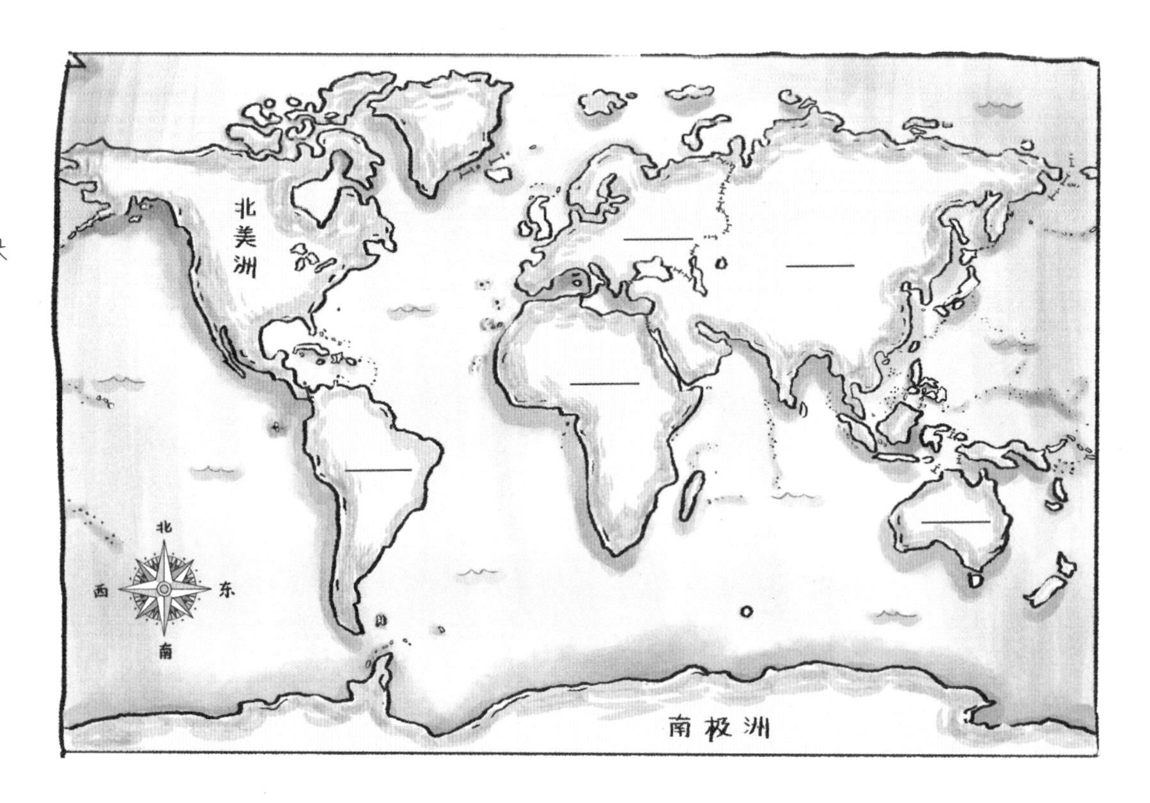

这些陆地被4片海洋包围着，读一读下面的线索，在图中写上海洋的名称吧！

①太平洋：它在北美洲的西边，大熊猫家乡的东边。

②大西洋：它的形状像字母S，欧洲在它的东边。

③印度洋：非洲、亚洲、大洋洲将它包围。

④北冰洋：它的位置最靠北。

仔细观察，你发现4片海洋实际上是________。

A. 相互分离的　　B. 连在一起的

每块陆地都有自己独特的动物。连连看，帮下面这些动物找到适合它们生活的大陆！

伟大的拼图者

一百多年前，地质学家（主要研究地球的形成、发展和构造）还坚信陆地是稳定的，不可能移动。谁知一个人所患的一场突如其来的感冒，竟引发了地质学可怕的震荡，使地质学此前70年的研究成果摇摇欲坠。

患感冒的人，是一个名叫魏格纳的德国气象学家。当时，他身体虚弱，必须卧床休息，百无聊赖中他只能盯着床头的世界地图打发时间。不过，这一瞧竟让他发现了一个奇妙的现象：南美洲东部突出的巴西海角，正好可以嵌入非洲西面的几内亚湾中，它们的轮廓能够完美地贴合。这是巧合吗？难道，这两个大洲曾经连在一起，彼此间没有大西洋相隔？他猜测，陆地是可以移动的，后来还把所有陆地都拼在了一起。

所以，魏格纳成了地质学界众星捧月的人物了吗？并没有，因为缺乏无懈可击的理论，大多数地质学家对这个“荒唐”的跨界者嗤之以鼻，把他当作科学界的笑柄。即便如此，魏格纳从未放弃寻找证据来验证自己的观点，直至他第四次在格陵兰考察时不幸遇难。现今，魏格纳被公认为20世纪最伟大的地质学家之一，这场起于偶然的地质学革命，最终赢得了胜利。

魏格纳拼出的超级大陆，大概是这个样子，它叫作“盘古大陆”。

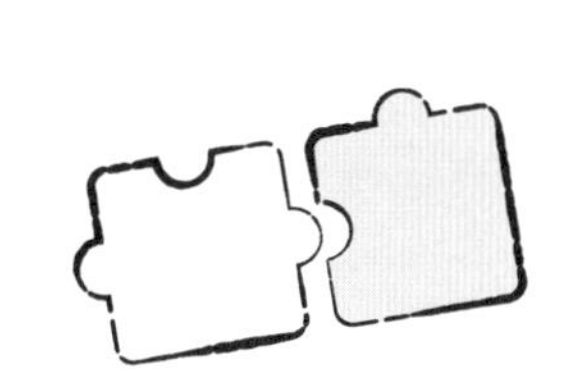

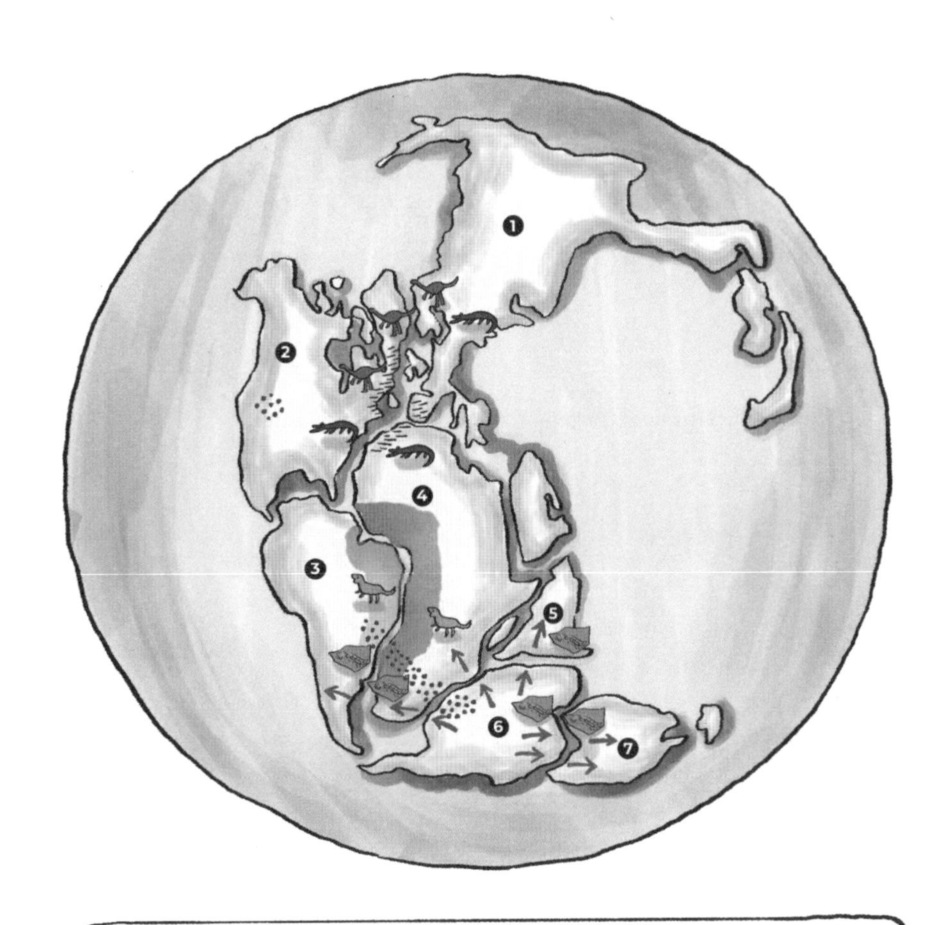

魏格纳提出，如今分散的大陆在2.5亿年前曾是一个整体，都属于盘古大陆。这不是凭空得出的结论，而是经过实地考察做出的推断。结合图例，说说下面哪些证据能支持魏格纳的观点。

A. 不同的大陆边缘发现可以衔接的岩层

B. 不同大陆发现相同的古生物化石

C. 不同大陆有相同的冰川作用

D. 不同大陆的轮廓相合

在⑦这块陆地上，发现了很多远古冰川的痕迹，你觉得在那个时候，这里的气候是寒冷的，还是炎热的？________

世界地图上的陆地，大致对应盘古大陆的哪一部分呢？（提示：⑤这块地方，如今已经和亚洲连在一起了，叫印度，就在中国的西南边。）

大洋洲	⑦
非　洲	______
南美洲	______
北美洲	______
南极洲	______
亚洲和欧洲	______

分分合合的陆地

大陆不是恒定不变的，它们一会儿聚在一起，一会儿又分散开来，魏格纳把大陆的这种水平移动称为“大陆漂移”。可大陆是漂在什么上呢？

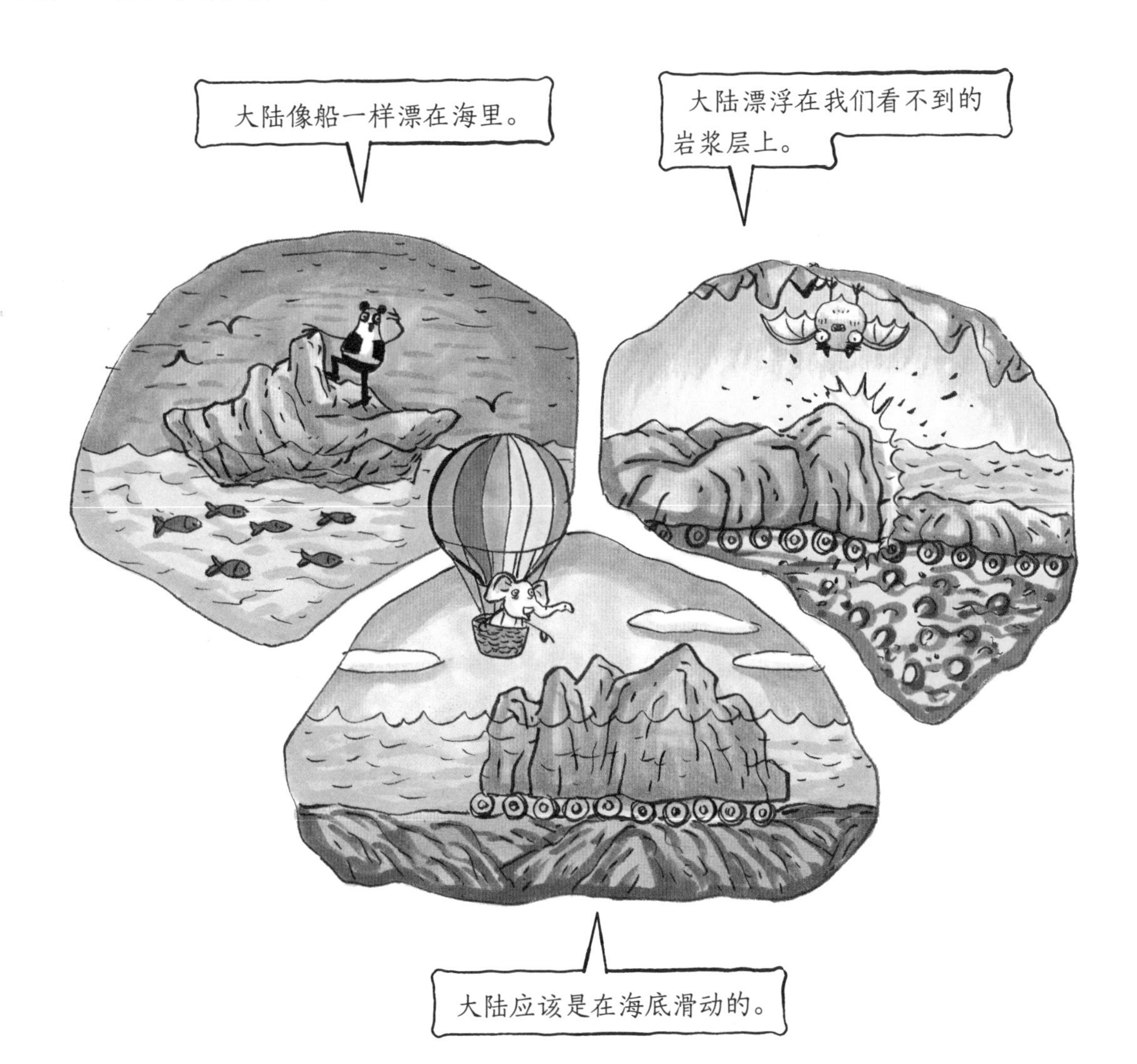

你觉得三个小伙伴中，谁说的更有道理？转换一下视角，从侧面观察陆地和海洋，会有更多启发。________________

你一定发现了，不论是大块的陆地、孤单的小岛，还是看不见的海底，都是相连的，属于地壳的一部分。

厚厚的地壳，并不是完整一体的，而是由很多碎块组成的，这些碎块叫“板块”。表面上看是大陆在漂移，实际上是板块驮着大陆和海洋在移动。板块的碰撞、挤压，会改变地壳的形态。

大部分板块上，
有大陆和海洋。

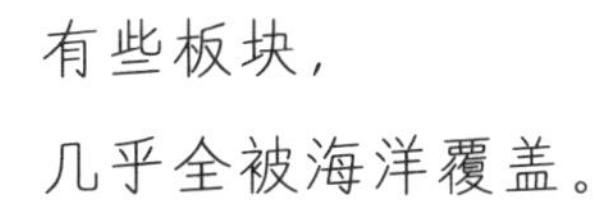

有些板块，
几乎全被海洋覆盖。

你还记得地球的结构吗？地壳下面那层叫__________。它不仅是岩浆的发源地，也是它在支撑着板块，并使板块运动的。到底怎么回事儿呢？

烧水时，靠近火苗的地方温度高，水受热会向上翻滚，远离火苗的地方比较凉，水会向下沉降，这样就形成了对流，循环往复，全部的水就被烧开了。

地幔像受热的水一样也会形成一个个对流，加热它的就是地核——那里的放射性物质能产生巨大的热量。地幔对流既能将板块拽入地幔，重新回收；也能撕开板块，生成新的板块。

地幔对流让板块汇聚在一起。

地幔对流也能将板块拉开。

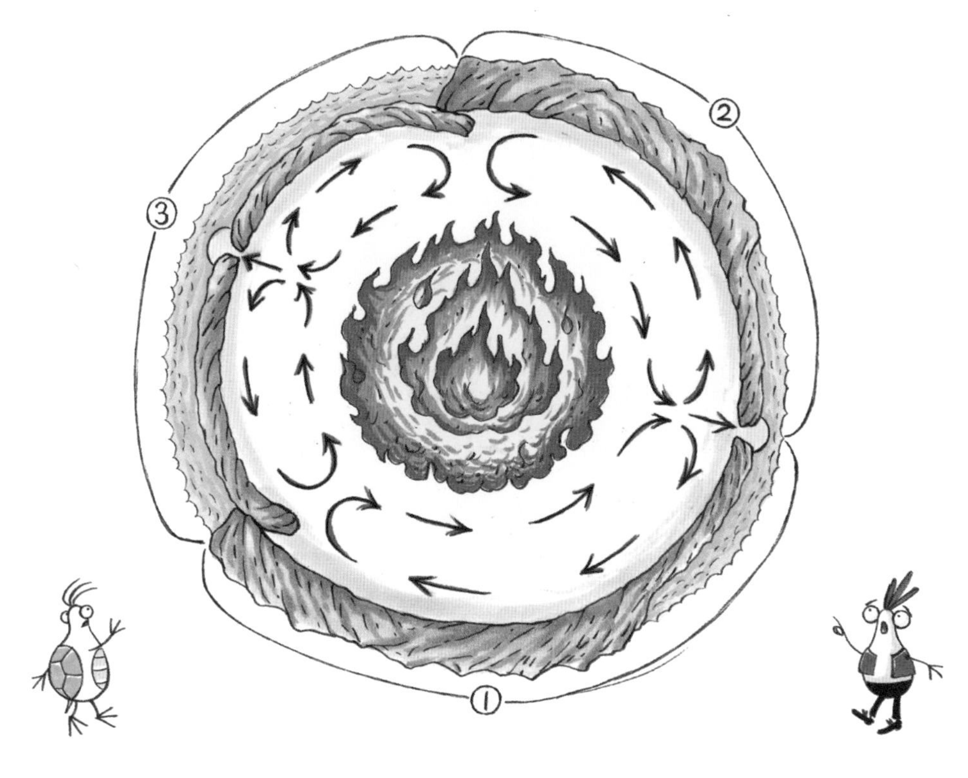

①②③三个板块中，上面有陆地和海洋的是________；只覆盖着海洋的是________。

相互汇聚的板块有________；相互分离的板块有________。

A. ②③　　　　B. ①③　　　　C. ①②

小步觉得，地幔对流很像机场的行李传送带，板块就是上面的一个个行李箱。你觉得像吗？

琢磨不透的地幔

似乎哪里不对劲，地幔里不是固态的岩石吗？为什么能流动呢？

澳大利亚昆士兰大学曾在1927年开始了一项持续近百年的沥青滴落实验。这个实验发现，坚硬的沥青块在常温下放置约10年时间，就能滴落一滴。看来，物质的性质不是看上去那样简单、绝对，只要有足够的时间，一些固态物质也能缓慢地流动。地幔就是这样。

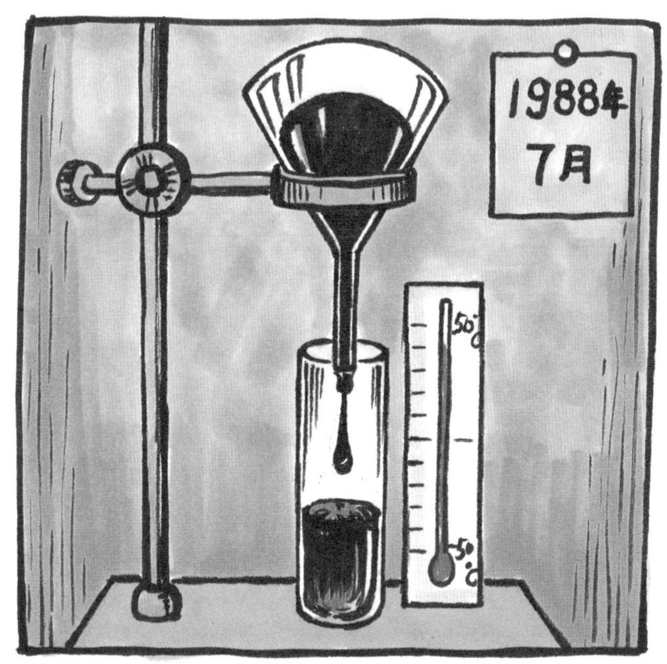

地幔的温度能达到3000℃呢，按理说那里的岩石早该熔化成液体了。不过，高压使它像橡皮泥那样，既保持固体的形态，又可以变形。一旦地幔物质找到地壳的裂缝，压力会使它们喷涌出来，形成火山喷发。

在小说《地心游记》里，凡尔纳提到地幔中有一片浩瀚的李登布洛克海，里面生活着巨大的史前动物。你相信地幔里有海洋吗？

你一定想不到，科学家发现，在炽热的地幔里真的有很多水，但水在这里以另一种形态存在。高温高压把水分子锁在地幔岩石的矿物结构中，和岩石融为一体，好比人体内看起来干燥、坚硬的骨头，也含有31%的水，只不过这些水都躲在细胞里罢了。等到火山喷发时，温度、压力发生变化，岩石里的水会变成水蒸气回到地面。

地表的水大概有14亿立方千米，差不多有两个太平洋那么大。那么地幔里大概有多少水呢？据推测，地幔的水量比地表水量的5倍还多。科学家探测到，在中国的东北和华北地区，地下700～1400米处，就藏着一片地下海洋，它的储水量和北冰洋相当呢。

地球的“心脏”——地核

有人估计地球的1/3是由铁组成的，但这并不意味着你可以在自家后院随随便便挖到铁，因为大部分铁都储藏在地核里。而在地壳中，铁只占5.8%，假如铁有甜味的话，那地壳尝起来大概像小西红柿那么甜，地核尝起来就好比白砂糖。

地核看上去像一个双层金属球（铁是主要成分）：液态的金属“海洋”围绕着固态的金属芯，里层散发的热量推动外层金属液体流动、旋转，这使地核像一个不断运转的发电机，产生稳定的电流，由这些电流生成磁场。（运动、电流、磁场三者间，有着复杂的转化关系，等你长大一些，学习了物理之后就能明白了。）地球磁场是一道防护罩，为我们挡开危险的太阳风和宇宙射线。

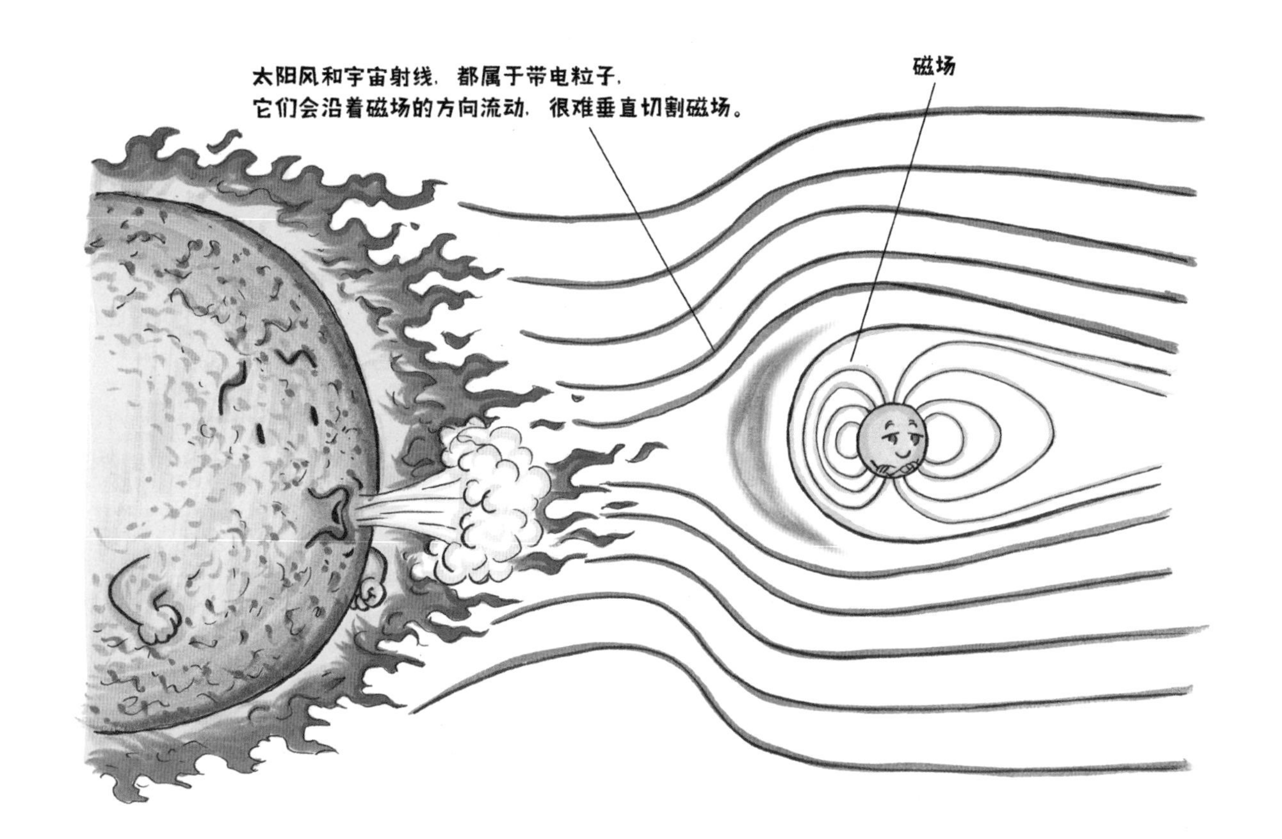

下面哪些现象和地球磁场有关？在相对的小框内打钩。

指南针就是利用地球磁场来指示方向的：指南针的北极与地磁的南极互相吸引，指南针的南极与地磁的北极互相吸引。

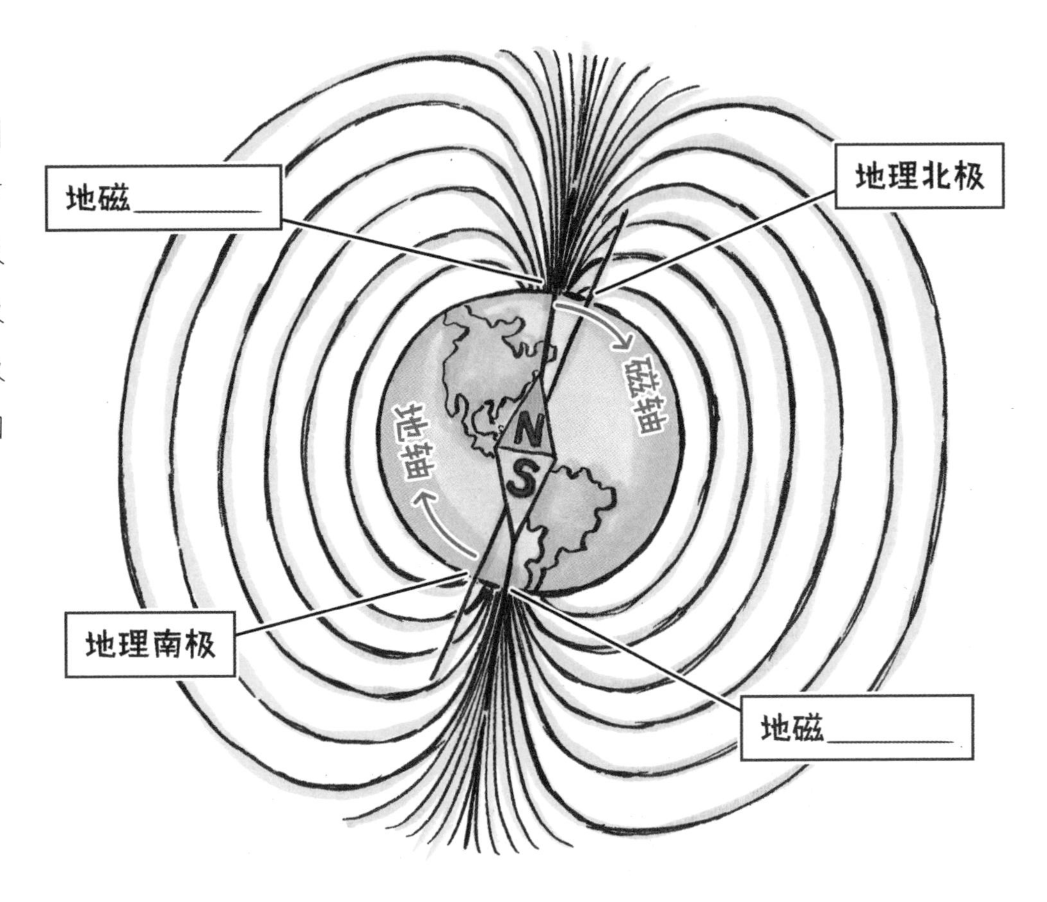

观察指南针的方向，给磁轴标上南极和北极吧！

小步发现，磁轴和地轴是 __________

A. 重合的　　B. 有个夹角的

思考一下，用指南针能找到地理的南极和北极（就是地轴两端的位置）吗？ ________

地核里不仅有大量的铁，还有很多放射性物质，使它像一座巨大的核反应堆，源源不断地产生热量。据说地核的温度超过5000℃，和太阳表面的温度差不多。地心的热量让外核、地幔形成对流，产生地球磁场，推动着板块运动，甚至改变地表的形状，是地球保持活力的动力来源。

不过，燃料再多也有烧完的时候，假如地球内核的能量消耗殆尽、冷却下来，外核、地幔也会变冷，不再流动，地球磁场就会消失。接下来呢，你觉得下面哪些事情会发生？

① 板块停止“漂移”。

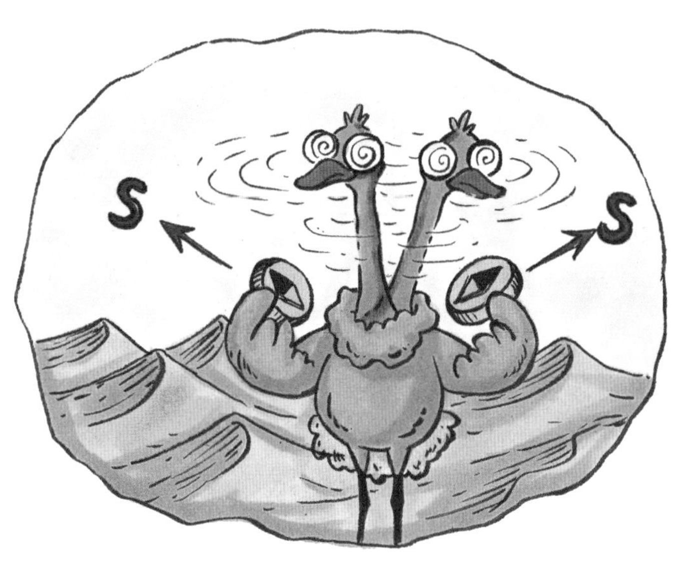

② 指南针失灵。

③ 火山停止喷发。

④ 大量宇宙射线直接照射地面，动植物开始灭绝。

第11页

A B D

第12页

A B C

（拓展延伸：在古代不同民族眼中，地球有各种各样的形状——三角形、方形、梨形、倒扣的碗形，墨西哥的阿兹特克人把大地画作十字形，俄罗斯的萨哈人觉得八边形才更合理。在印度神话中，大地由四头大象驮着，大象站在一只巨龟的背上，巨龟脚下则是一条巨大的蟒蛇……读一读不同民族的神话，一定还能发现更多的令人意外的想法。）

第14页

不是

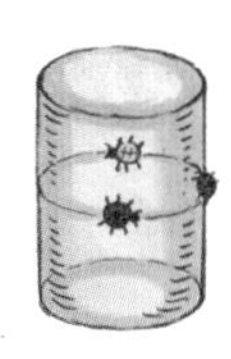

圆柱形　近似圆锥形　两头尖尖的椭球体

不能

第16页

小步 大熊猫

蝙蝠 小鳄鱼

下 上

B A

不能

第17页

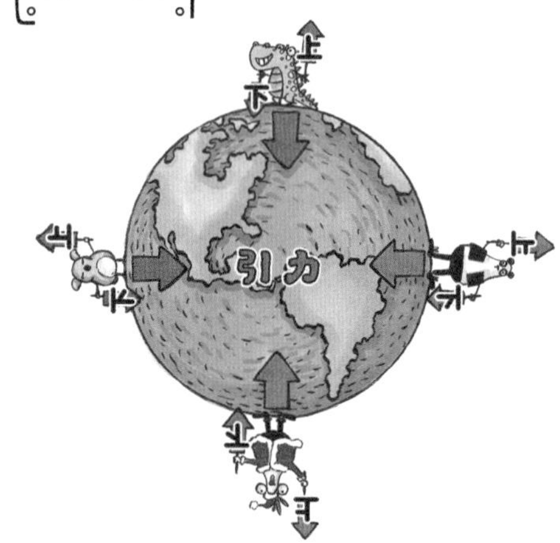

B A 不能

第19页

经　纬

②③　①

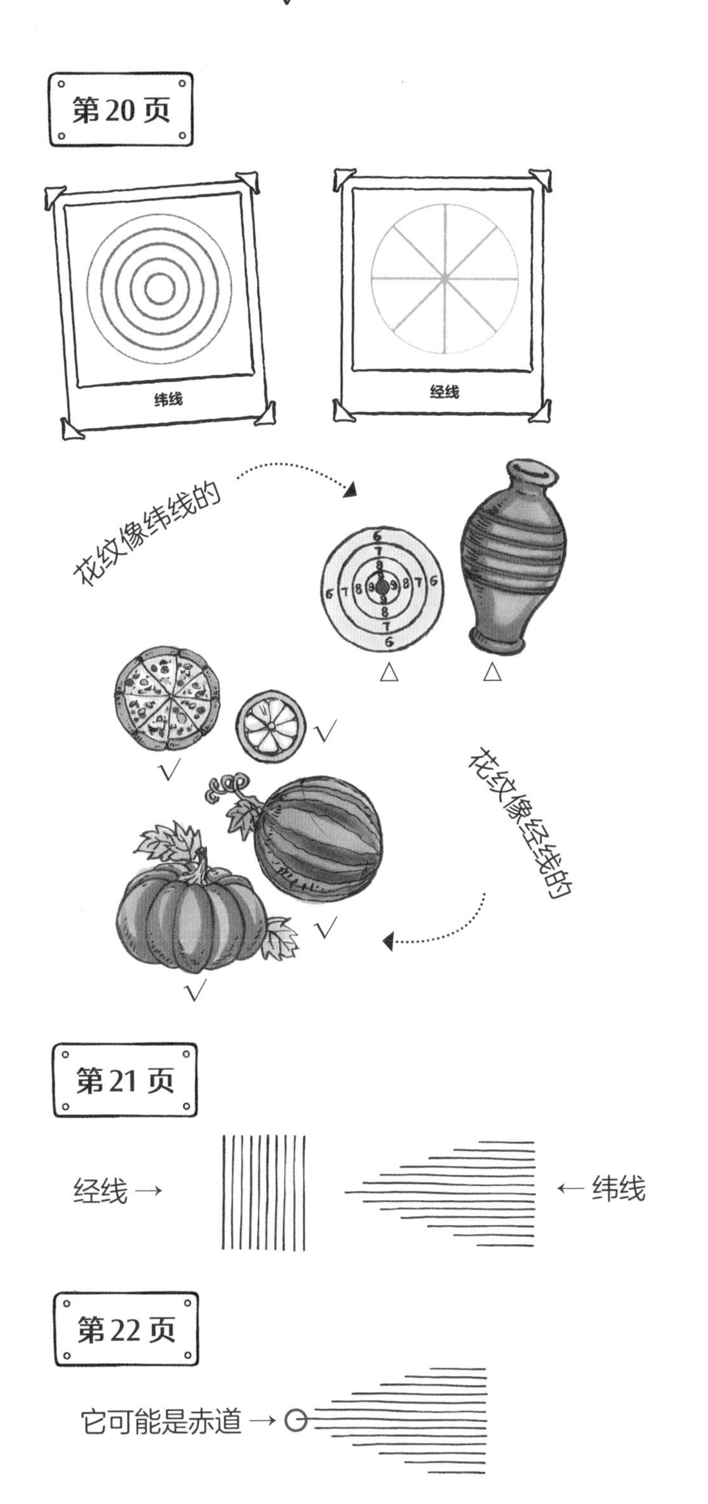

③这条线是赤道。

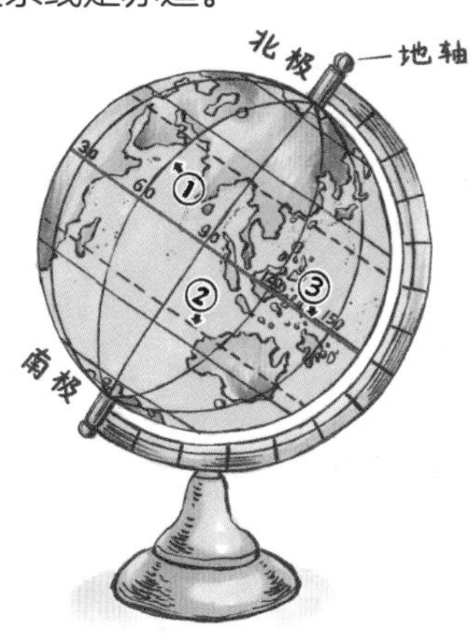

第23页

南半球（提示：从第10页的地球仪上能找到澳大利亚的位置，它在赤道也就是③这条线南边，所以澳大利亚在南半球。）

第25页

一般地图上越靠近南北两极的地方被拉伸的幅度越大，比例越容易失真。

第28页

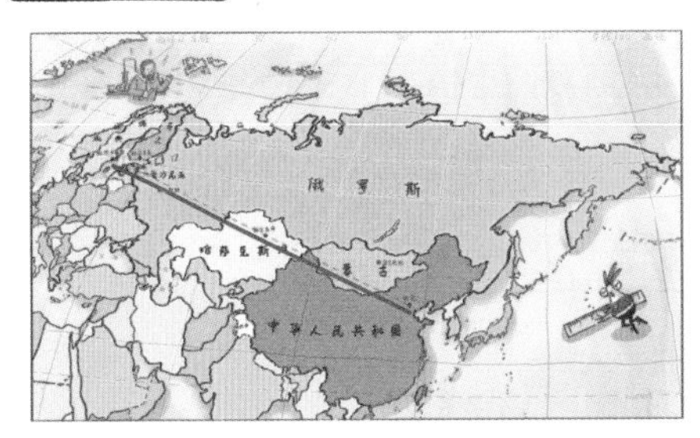

D

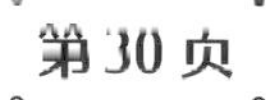

第30页

BE

AC

第31页

L_1：10750千米

L_2：6400千米

L_2更短　　飞L_2这条线

第37页

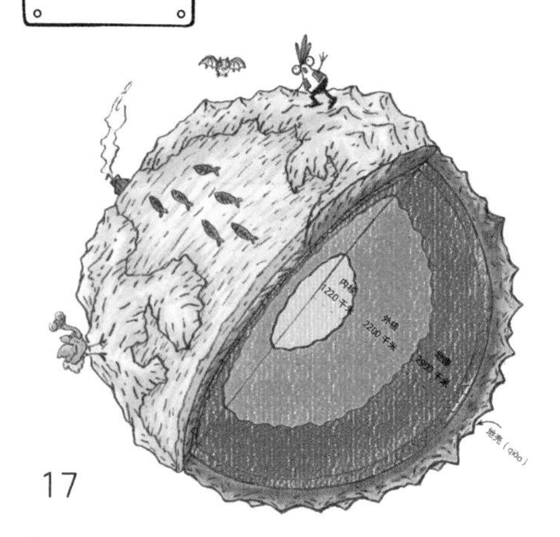

17

第38页

这几项陆地活动，没有一项能穿透地壳到达地幔的。

第39页

假设教学楼有 x 层，那么就需要 5666/x 座楼叠加。

2

第42页

D　C　薄

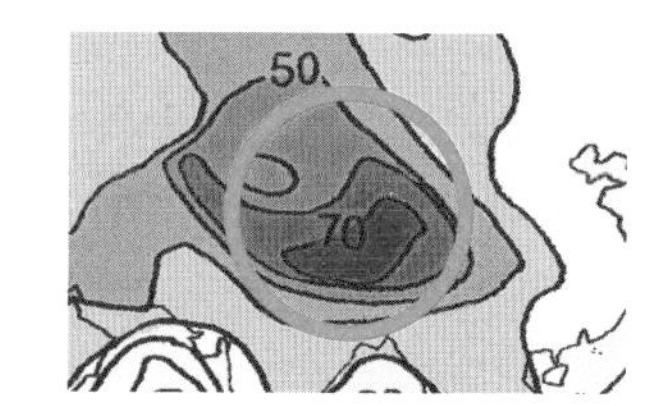

第43页

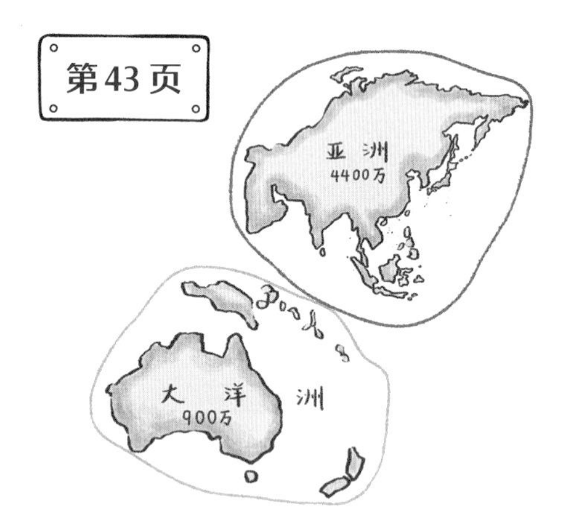

亚洲 > 非洲 > 北美洲 > 南美洲 > 南极洲 > 欧洲 > 大洋洲

第44页

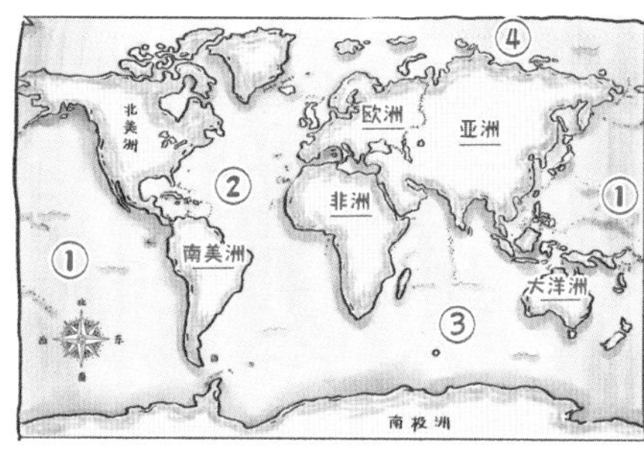

B

第45页

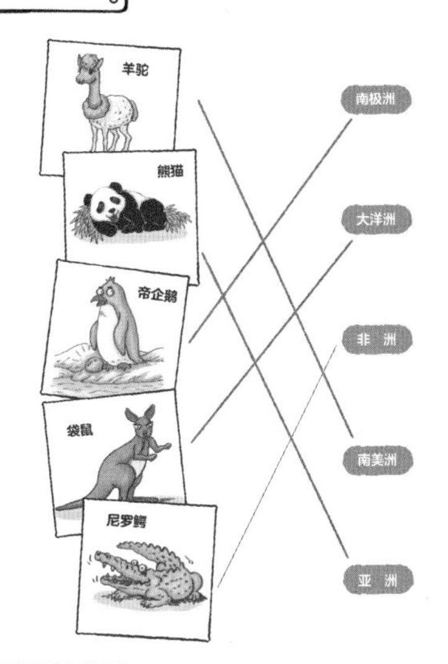

第48页

ABCD 寒冷

大洋洲	⑦
非 洲	④
南美洲	③
北美洲	②
南极洲	⑥
亚洲和欧洲	①

第50页

蝙蝠更有道理。

第51页

地幔

第53页

①② ③

AB C

第58页

第59页

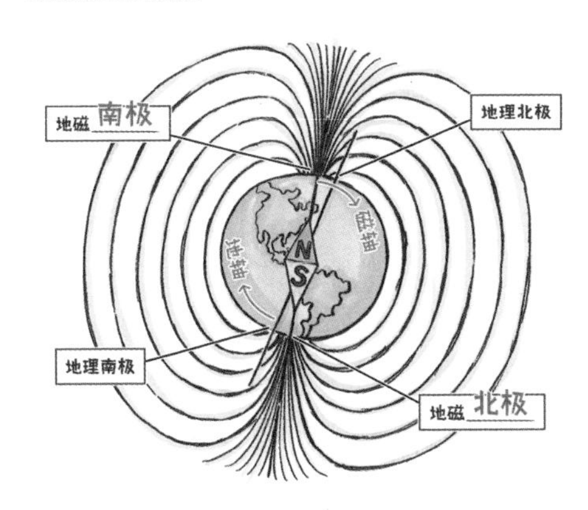

B 不能

第60页

①②③④

审图号:GS（2022）2722号
此书中第18、23、24、25、28、29、30、40、41、43、44、47、62、63、64页地图已经过审核。

图书在版编目（CIP）数据

这就是地球 / 郑利强主编；蔡志燕著；段虹，梁顺子，杨洁绘. -- 北京：电子工业出版社，2022.6
（有趣的地理知识又增加了）
ISBN 978-7-121-42985-9

Ⅰ.①这… Ⅱ.①郑… ②蔡… ③段… ④梁… ⑤杨… Ⅲ.①地球 - 少儿读物 Ⅳ.①P183-49

中国版本图书馆CIP数据核字（2022）第032370号

责任编辑：季　萌
文字编辑：邢泽霖
印　　刷：北京利丰雅高长城印刷有限公司
装　　订：北京利丰雅高长城印刷有限公司
出版发行：电子工业出版社
　　　　　北京市海淀区万寿路173信箱　邮编：100036
开　　本：889×1194　1/12　印张：42　字数：213.6千字
版　　次：2022年6月第1版
印　　次：2025年2月第3次印刷
定　　价：198.00元（全8册）

凡所购买电子工业出版社图书有缺损问题，请向购买书店调换。若书店售缺，请与本社发行部联系，联系及邮购电话：（010）88254888，88258888。
质量投诉请发邮件至zlts@phei.com.cn，盗版侵权举报请发邮件至dbqq@phei.com.cn。
本书咨询联系方式：（010）88254161转1860，jimeng@phei.com.cn。